マンガでわかる
多肉植物
はじめます!

日東書院

はじめまして
イラストレーターの
こたきと申します

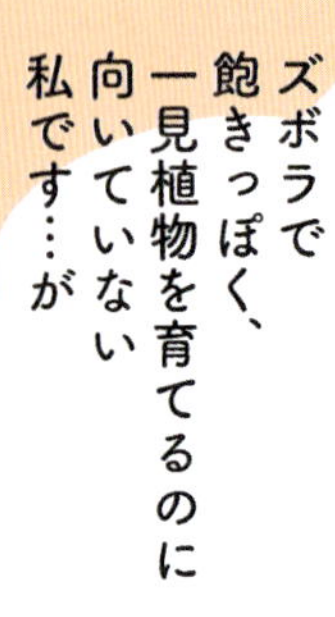
ズボラで
飽きっぽく、
一見植物を育てるのに
向いていない
私です…が

夫、二人の娘、三毛猫一匹

そして庭いっぱいの
多肉植物といっしょに
暮らしています
ずら～っ

この多肉は数年前に
集め始めたもので
ちゃんと
育てられる
かな～～～
植物に苦手意識㊒
不安…
大丈夫
だよ
最初の一鉢を購入したのは
2020年1月のことでした
コロナが流行りだす少し前

そこから
転がり落ちるように
多肉にハマり
あ〜〜っ
ゴロゴロ…
多肉坂

もっとこの魅力を
広めたい！という
想いまで芽生え
いつ見ても
かわいい！
私でも
育てられる！
みんな
ハマって

辰巳出版の編集さんに
それを伝えたところ
えーっ
僭越ながら
申し上げると
多肉の本を作り
たく…
ぜひ作り
ましょう！
ご快諾いただき
今に至ります

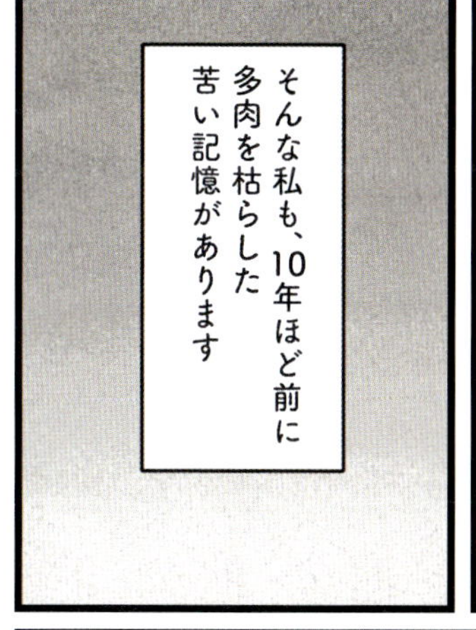
そんな私も、10年ほど前に
多肉を枯らした
苦い記憶があります

失敗した当時と今で
何が違うのか？
多肉を育てるために
何が必要なのか？
植物初心者だった
自分だからこその
「はじめて目線」を大切に、
多肉と仲良くなる方法を
ご紹介していきます

目次

1章 多肉植物を育てよう！ 1

2章 多肉植物を買いに行こう！

3章 多肉植物を育てよう！ 2

4章 多肉植物を増やしてみよう！

5章 多肉植物を寄せ植えしよう！

column

ずっと「これだ!」と思える趣味がほしかった
お菓子作り、カメラ、ウォーキング、裁縫、ガーデニング…
色々やってみるけどいまだにどれもピンとこない…

4月某日
とはいえ

趣味はほしいけどめんどくさがりだからな~
だら~~
ゴロゴロしてスマホいじるのが一番向いてるのかも…
ん…?
主人公
こたき

スッ
なんだこれ?

つぶつぶでプクプクで…なんだろう作り物?
#多肉植物
#多肉 #タニラー
カワイイ…
多肉植物…本物の植物なんだ!

昔、実家の窓際で育ててたかも…
なんかウニョウニョしてた…

今の多肉植物ってこんなにおしゃれでかわいいの!?
つぶつぶ!!
ムチムチ!!
育ててみたい!

いや待て
今までの苦い経験を思い出せ
ハッ
枯らした観葉植物…
朝顔…
カサ…
パラ…
育ちすぎたミニトマト…
でっか!
木!?

枯らす未来が目に見えてる!
ぐっ…
手を出してはいけないっ…

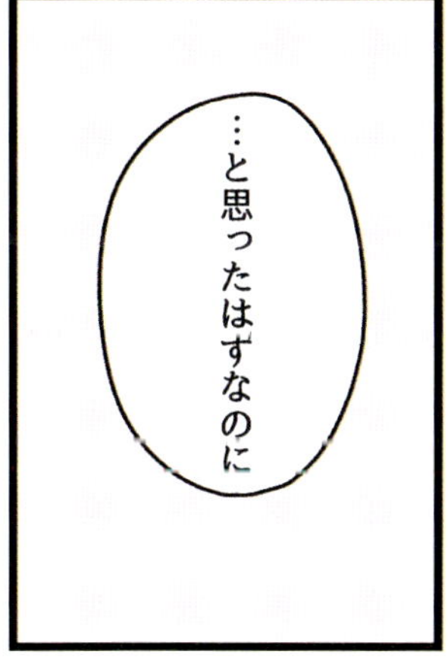
…と思ったはずなのに

買ってきちゃった!
多肉デビューだ☆
善は急げというし!!
ジャ〜〜ン
…
生花店のすみで
売れ残ってた
よくわからない
種類だけど…
店員さんも
困ってた…
?
アレ?
こんなの置いて
ましたっけ〜?
10円でいいですよ
?
日当たりいいし
この窓辺に置こう
植物があると
部屋がおしゃれに
なる気がするな
うん!
かわいい!
元気に育ち
ますよーに!
くるっ
待って…
くるっ
!?
…
空耳…?
話しかけられ
たのかと
思っちゃった
そんなワケ…
ひかり…
ヒョイ
…かり…
えっ!?

わっ
PoM
なっ…えっ…??
ええっ
光…
…
どこから声が…?
な…
なんだこりゃーーーー!?
むちーん
…
???
えっ
光…
私が買ったのって多肉植物だよね? 未確認生物じゃないよね?
じゃあこれは一体…??
レシートレシート…
やっぱり多肉植物って書いてある
外? 外に出たいってこと!?
おひさま…
頭に直接語りかけてくる〜

外…
わかった
わかったっ
つっ

ガチャッ

はいっ

光…
おひさま…
ホッ
よかった
満足そう…
自然が好きなのかな？
作り物みたいな形
だけど植物だもんね

やっぱり、ちゃんと
調べてから買えば
よかった…

しかもこんな
謎の姿に
変身しちゃって…
どうすれば〜〜
…がと

えっ？

ぽつーん
…
!!
みつけてくれて
ありがと
ぐっ
…よしっ
…もしかしてそれを言うために変身したの？
落ち着いて見るとかわいい…
そう
多肉の育て方をマスターして、この子ともっと仲良くなる！
よろしくね！たにお！
そしていつか「多肉が趣味です」と言いたい…
うん
命名 たにお
で、どう育てたものか…
な〜んにも知らない
…

登場人物

こたき

植物を育てることに苦手意識がある。
たにおとの出会いを経て多肉植物と
仲良くなることを目指す
好きな多肉：レッドベリー

たにお

売れ残りの多肉が
変身した多肉の妖精(?)

ぼたんさん

多肉に詳しいご近所さん
実は有名な多肉ブロガー
好きな多肉：乙女心

いちかわさん

多肉専門に生産・販売する
いちかわふぁーむの代表
好きな多肉：パリダム

Chapter

1

多肉植物を育てよう！

…なんて決意したものの…

「光」の次は「水」コールが止まらない…
水やりしていいのかな？加減がわからなくて怖いんだけど…
水
水
水〜〜

そんなに言うなら
じゃー

はい お水だよ♡
水のあげすぎは良くないよね？
ポタ… ポタポタ…
砂漠に降る雨のイメージ…
…

…
水
えっ

今あげたのに!?
WHY!?
水
水
水

水
しお…
よく見ると
葉っぱに元気が
ない…
ハッ!

お店で
放置されてた
んだもんね!
足りないよね!
ごめ〜ん!
すぐあげる!!
あっ待って
でも
念のために
『多肉 水やり』
で検索…
ちゃんと
調べよう
…えっ?

休眠期
鉢底から水が
あふれるまで
あげすぎ
NG
葉がシワシワに
なったら
夕方や
夜
水やりについて
知りたいだけなのに
!?
なんか
難しい!
土の表面
しめる程度
春秋
サッと
たっぷり
寒冷地は
生育期
季節によって
土が乾いた
真夏は
根腐れ
蒸れ

ええ〜っ
専門用語が
多くて
なにが
なんだか…
水
やまぬ
「水」コール…

まずい…
このままじゃ…
枯
チーン…

なんとか
解読
しないと…
こんに
ちはー
水
水

回覧板でーす
あら 多肉ちゃんですか？
回覧板
ご近所のぼたんさん！
ハッ
そうなんです ついさっきお迎えしたてで…
水
水
ご近所さん ぼたん
どうやら水がほしいみたいなんですけど
今日はもう水やりしたから悩んでいて
回覧板

どれ、失礼
スッ
あっ

じ〜〜っ
ふむふむ
さわ…

たしかにお水をほしがってる！水道とジョウロ借ります〜♡
ジャ〜〜〜〜ッ
えっ

わあ…
サァアアア…

今の時期はこのくらいあげるといいかもね〜
鉢底から水が流れ出るくらい！
サァー…
こんなにたっぷり!?
え〜っ

そう！十分にお水をあげると葉についた虫や汚れを洗い流せるし根っこは水分と一緒に土の中の栄養を吸収できる！
土の中に新鮮な空気を補給する効果もあるんだよ
植木鉢の中をクリーンに換気してあげるイメージ
そんなにメリットがあるんだ！
虫
汚れ
空気
栄養
水

水やり完了
満足
助かりました～
怖がらずに水をあげてよかったんだね～
これからは毎日あげるからね！
ホッ…
マイ…ニチ…？
はっ
ちょっと待ったー!!
次の水やりは土が完全に乾いてから！
多肉植物は乾燥した土地の植物だからメリハリがある水やりが大切だよ
土が長く濡れた状態だと根腐れの原因になるから、基本的には「土が乾くまでが一回の水やり」と覚えておいて
植物の根は土が乾いた時に水を求めて伸びるんだよ
水はどこ…？
ニョキ
ニョキ
えーっ
詳しい！
そうなんだ！

多肉の水あげペースって？

さっき
多肉を手に取って
観察したでしょ？
じ〜〜っ
さわ…
はい

手に持ってみたら
軽かったし、
葉を触ったら
柔らかくて
ハリがなかったから
水が足りてない
ことがわかったの
水が十分
だとハリが
あって
パツパツ
水を含むと
ずっしり重い

鉢の重さや
葉の感触を覚えると
今後の水やり
タイミングの参考に
なるよ！
なるほど〜
さわさわ

でも、一律で
「○○な時に水やりを」
とは言えなくて…
多肉の種類や気温、
季節によるのを
一気に説明しよう
とすると…
ね
さっきの呪文に
なるんですね

とはいえ
こんなに手間が
かからない上に
省スペースで
一年中楽しめる
植物は
多肉だけ！
基本の育て方さえ
覚えれば、グッと
仲良くなれるよ！
キュン
多肉と
仲良く…

師匠！
ギュッ！

私、多肉と仲良くなりたい！もっと詳しく教えてください！
どうか!!
よろしくお願いします！
えっ
お友だちとしてならよろこんで…
多肉友だちはなんぼいてもいいですからね

ところで、その多肉ちゃんお顔がある…？
興味津々！
そうなんです ちょっと変わってて…
たにおです

よかったら私の家で多肉の基本について説明するよ！
多肉はね～ハマると増・え・る・ぞ～～
てく てく
増える？

そう！こんな風に！
増えてる～～
ズラ～～!!!
ようこそぼたん家に!!

そもそも多肉って？

すごーい！
お庭のあちこちに植物がずらり！
ハマりすぎてこんなことに…
鉢の数もですし種類がまたすごい！
形も色も初めて見るものばっかり
大きいのも小さいのも…
わ〜っ
パッと見似てるのに刺してある名札？の文字が違ったり…
乙女心
恋心
これって全部多肉なんですか？

そのとおり！「多肉植物」は葉や茎に水分を蓄える植物の総称でものすごくたくさんの種類があります
その棚の鉢は全部多肉！
〜多肉植物とは〜
・アフリカやメキシコなどの乾燥地帯が主な原産地
・「科」や「属」もさまざまで細かく分類すると一万種以上
・乾燥地帯の過酷な環境に耐えるため、一般的な植物とは違う『CAM型光合成』をする
・草花の苗よりも成長が遅い。少ない土でも育ち、体に水分を多く蓄えられるので他の植物に比べて少ない水やりで育てられる
へー

サボテンはもちろん、アロエや「金のなる木」も多肉植物だよ
金のなる木
アロエ
サボテン
知ってる！
これ実家にありました！昔流行ったんですよね
葉の特徴もさまざまでぷっくり肉厚なもの、トゲがあるもの、石に似てるもの、細かい毛が生えたフワッとしたもの、表面に粉がついたものまで多種多様！
アガベ
虹の玉
リトープス
ハムシー
へえ～！すごい…そんなにたくさんあるんだ…
…
水やりのタイミングは多肉の種類によるんでしたよね…？
まさか一万パターンのタイミングが…??
ガタ
ガタ
そう…まさにその通り…
だと大変すぎるよね
ご安心を！
多肉は三つのタイプに分けられるの！

多肉植物の三つのタイプ

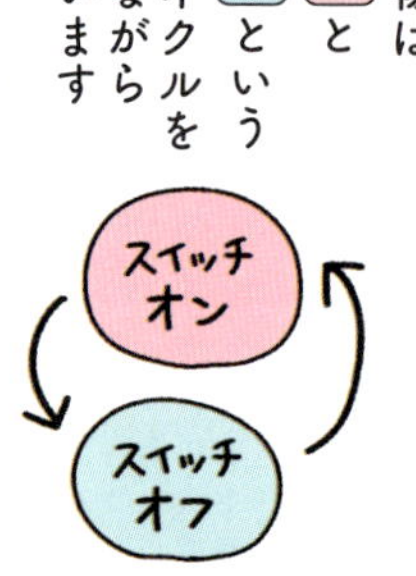

スイッチがオンの時は
成長のための水やりや
植え替え、増殖作業などの
積極的なお世話をして
オフの時期は
あまり触らず、
枯らさないための
水やりと
現状維持の
お世話をするのが
育て方の基本だよ
フムフム

春秋型の多肉の
水やりは
生育期の春と秋は
土が乾いたら
底穴から水が出る
くらいたっぷり!
休眠期の夏と冬は
様子を見ながら
鉢の表面が湿る程度
行います
スイッチOFF
スイッチON

どちらの時期でも
水やりは
必要なんですね
その
とおり!

も、もしかして
このお庭の
多肉たちの
生育型を
全部覚えてる
んですか?
記憶力スゴ…
うん!
大体覚えて
るかな?

というのも、
うちにある多肉植物は
春秋型がほとんどなの!
春秋型!!
つぶつぶの多肉や
ロゼット状の多肉は
主に春秋型だよ

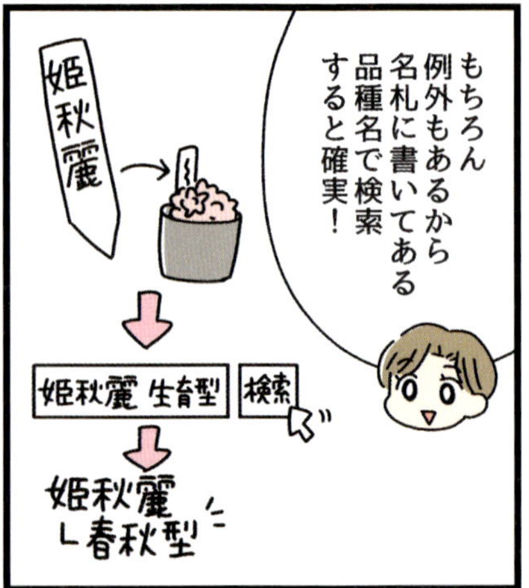

※フィクションです。多肉植物は自己申告しません

春秋型

生育適温は10〜25℃。
春と秋に生育する。
夏と冬は生育が緩慢。
ベンケイソウ科の
多肉植物の
ほとんどが春秋型。
セダム、エケベリア、
グラプトペタラム、
ハオルチア、
センペルビウムなど

夏型

生育適温は20〜30℃。
夏に生育する。
冬に休眠し、
春と秋は
生育が緩慢。
アロエ、サボテン、
ユーフォルビアなど

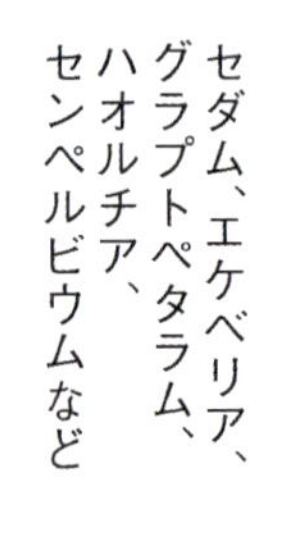

冬型

生育適温は5〜20℃。
冬に生育する。
夏に休眠し、
春と秋は生育が緩慢。
リトープス、
アエオニウム、
コノフィツムなど

環境に合わせた水やりって？

たとえば…
同じ量の水を
あげたとしても、
はい

置き場所の
日当たりが
よければ
早く乾くし
風が強くて
湿度が低ければ
早く乾くし
土の水捌けが
よければ
早く乾くし
植えてある多肉の
根っこが多くて
よく水を吸えば
早く乾くし
鉢が小さくて
土の量が
少なければ
早く乾くし
な…
なるほど！
あぁ〜っ
ザブ〜ン

たしかに、
素人の私でも
この二つなら必要な
水の量が違う
だろうなって
想像できます
極端な例だけど

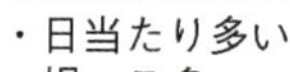
・日当たり多い
・根っこ多い
・水捌けのいい土
・日当たり少ない
・根っこ少ない
・保水力の高い土

そう！
そういう
ことなの！

決まった回数の
水やりをすることよりも、
今、目の前の
環境をよく把握して
柔軟にお世話することが
大切なんだよね
幸い、多肉は
生命力が強い！
数日水やり
しそびれても
枯れることはないから
感覚を掴めるまで
安心して
試行錯誤してみて

水やり不足で
葉のハリがなくなっても
カリカリに枯れる前なら
水やりでまた復活するよ

ちなみに
水やりでの失敗は
「あげすぎ」が
多いから
慣れるまでは
乾かし気味で
育てる方が無難だよ

数日後
・・・
光!
光なら当たってますが…!?
さんさんっ
光!
光!
えっ!?
光…
う゛~
せんべい
こんなに晴れてて明るいのに光?まぶしいの?う~~~ん
この間もこんなことあったし…とりあえずは…
光!
光!
外へ!
光♡

よかった
正解だったみたい…
ほっ
窓際も
明るかったのに
なんで
わざわざ外に？
開放感が
嬉しいのかな
お答え
しましょう
こんにちは～
ぼたんさん！
かくかく
しかじかで…
ふむふむ
ここ数日
天気が良かったから
窓辺にたにおを置いて
一緒にのんびり
過ごしてたんです…
なんでだろ～？
なのに急に
たにおが
むずがって…
お部屋がせまくて
飽きちゃったの
かな…？
光！

不思議に思って…いてっ！
ゴチン
あら

プン
プン
なんでたにおは怒ってるんでしょう…
それはね～～

ずばり光不足！です！
カッ！
まぶしっ
ええっ

でも、すごく明るい窓際なんですよ
甘いっ
ちっちっ
植物が光合成するには必要な光の量と波長があるんだ
明るければいいわけじゃなくて、「光合成に使う種類の光」を当てることが重要なんだよね

※参考文献『趣味の園芸』2021年9月号（NHK出版）

多肉植物はどこに置く!?

光不足でどうなるかって？※タニラーが恐れるあの現象が起きるのよ…
そう、徒長が…！
イヒヒ…
と…都庁？
聞き慣れない…
?
※多肉植物愛好家

徒長というのは、読んで字の如く、植物が光を求めて必要以上に伸びてしまうこと
いたずらに ながく
徒長!!
ひょろ ひょろ…
多肉植物をずっと室内に置いた場合、避けられない現象です

成長したように見えるけどただの間延び
同じ品種でもこんなに見た目に違いが出るよ
色も形も全然違う！
実家の多肉も徒長してたのかも…
徒長した苗
徒長していない苗
両方同じ「リトルビューティー」という多肉
光の大切さがわかるよね

屋外でも物陰や日照時間の少ない場所は要注意！
光！
光！
1日のうち5時間は日が当たる場所に置けるといいいね

どうしても室内で堪能したい場合はローテーションで管理しよう！
1日室内で鑑賞したら
数日間は屋外でじっくり日光浴

多肉はお外に置く植物なんだね
徒長する前に気づけてよかったよ
ごめんね
ゆるす

「光」の重要性を知ることが多肉と仲良くなるための三箇条その2です！
!
三箇条 その2
光
OK!
三箇条マスターまであと一つ！
ピカーーッ
まぶしっ

「光について」おまけ

その後
ぼたんさん宅にて
ポカ ポカ…
うちではこの
日当たりのいい
軒下エリアが
多肉の特等席だよ
…
たにおも
気持ちよさ
そう～

日当たりのいい場所が
限られていても
ガーデンラックが
あると効率よく
スペースを使えるね！
すてき！
日光はいくらあっても
いいんですね！
えっ
あ～～～～

えっ
なにか変な
こと
言いましたか!?
いや！
それはまた
別の機会に
ええ～？

ハオルチア
Haworthia
どうしても
室内で育てたい場合は
耐陰性がある
ハオルチアという
品種がおすすめです！
葉に透明な
「窓」があるのが特徴

それにしても すてきなお庭… ぼたんさんは いつから多肉を 始めたんですか？
キョロ…

私が初めて 多肉にであったのは 2010年頃 友人の多肉を 預かったのが きっかけ だったんだ
えーっ
当時は 今よりずっと マイナーな植物で ネットにも 情報がなかったから 手探りで育てて きたんだよ
？
♫

実は 多肉ブログを書いたり イベントに出たりも しているの…
ψほぼ多肉日記ψ
by Ameba.
botan.29
ぼたん
1,855 投稿
4.6万 フォロワー
710 フォロー中
＼Amebaブログ書いてます😊／
→暇さえあれば多肉いじり
→好きな作業は葉挿し
→各地イベント出店、WS開催
→各地イベント出店、WS開催
ameblo.jp/sakuwa3728/
botan.29
へへ…
ええっ!? すてきなブログ… インスタも フォロワー数すごい！

多肉がどう育つかのイメージ

パターン1	水・肥料少なめ	日当たり良好

健康的に
少しずつ成長
これが理想

パターン2	水・肥料多め	日当たり良好

健康的に
大きく成長
育ちすぎる
こともも

パターン3	水・肥料多め	日当たり悪い

ひょろひょろと
細長く徒長
（特にチッソが多い
肥料で起きやすい）

パターン4	水少なめ肥料なし	日当たり良好

枯れないけれど
葉は落ちて
小さい株になる

パターン5	水・肥料やりすぎ	日当たり良好

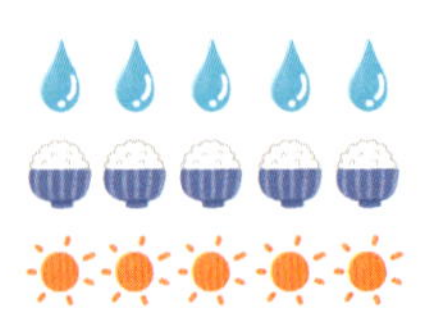

水・肥料の与え
すぎは日当たりに
関係なく
枯れてしまう

Chapter

2

多肉植物を買いに行こう！

多肉植物を買いに行こう！

多肉狩りとは!
お店で多肉を買うこと! です!
やった〜! ぼたんさんのお庭を見てから他の多肉も気になり始めていたんです
マイカゴ

狩!
変な想像しちゃった
テヘ

最近は多肉をゲットできる場所が色々あるよ!
ホームセンターの園芸コーナー、道の駅、100円ショップ
多肉植物専門店、多肉農家の直販所、マルシェや多肉イベントなどなど…
ホムセン
多肉植物
多肉植物コーナー

店舗によって管理の状況が違うので、よい状態の苗を扱っているお店を見つけられるといいね
『多肉植物+都道府県』で検索すると、住んでいる地域で多肉の販売に強いお店を見つけられるよ
…なんてことも
この店の多肉どれもすごく徒長してる!!
ガーン!

どんな出会いがあるかな〜!! 楽しみだね!
ウン

わぁ！すごーい！
ズラ〜〜〜！

あっちにもこっちにも多肉！
わーっ
気になった鉢は手にとってOKだよ
葉っぱが取れやすいから取り扱いは丁寧にね

なるほど〜大きさや種類で値段が違うんだ
大体コーヒー一杯くらいの値段なんだね
ん？どうしたのたにお…
…ってえっ
わぁ…
じ〜〜っ
ギョッ

ぼたんさん〜！
ん？

この多肉、こんなに小さいのに驚愕のお値段で…！よっぽどいい多肉なんですか!?
値段の貼り間違い…!?
¥13,500

どれどれ…ああ、これは新品種だね
(架空の品種です)
¥13,500

新しくて珍しい品種、育てにくい品種、いわば『レア多肉』はその分お高めなんだ
レアたにお
数が少なく増えにくい
反対に、市場に多く出回っている『普及種』は丈夫で育てやすいし、よく増える上にリーズナブル！

普及たにお
丈夫で増えやすい

根に水を蓄えるタイプの『塊根植物』も多肉植物の一種だけどこちらは更にケタがちがう価格感だよ
約16cm
パキプス 40万円
約13cm
グラキリス 38万円
!?

ちなみに私は普及種で寄せ植えを作るのが大好き～♡かわいさの面でもレア多肉に負けてないよ！
値段が高いほど『いい多肉』というわけじゃないんですね
なるほど！

多肉ビギナーにおすすめの品種はありますか？
うーん
この辺りなら初心者さんでも育てやすいかな…でもね
・虹の玉
・パリダム
・姫秋麗
・ラウリンゼ
・若緑
・ブロウメアナ

『多肉との出会いは一期一会』が私のモットー！
値段も育てやすさも
二の次！心からかわいい！と思うものを選ぶべし!!
その時を逃したらもう出会えないかもしれない！と思ったら狩る！かわいいくらいの勢いも大事にしてほしい！

何ヶ月も探し回って目当ての多肉をゲットできた時の快感と言ったら…
勉強になります…
情熱的…
ドキドキ

ス～～～
ん？

たにおもさっそくお気に入りを見つけたの？
「虹の玉」…さっきぼたんさんが言ってた多肉かな？
…あれ
虹の玉

これも虹の玉そっくり…なのに名前が違う？
虹の玉
オーロラ

これは虹の玉の『斑入り品種』オーロラだね！
斑入り？
ふ？
虹の玉
オーロラ

「斑入り」というのは葉に葉緑素をもたない部分がある植物のこと
「錦」「バリエガータ」という呼び方もするよ
葉緑体がある細胞
通常
葉緑体がない細胞
斑入り

虹の玉と比べると緑色が薄いけどそれが『斑入り』ってことですか？
そう！斑の入り方や色にも色々あって人気があるよ

たにおが斑入りだったらどんなだったろうな…
こう？
こう？
「虹の玉」に「オーロラ」って名前もすてきですね
フフ…
そうなの！多肉植物って名前も魅力的で…ジャケ買いならぬ『名前買い』しそうになることも多々…
グリーンネックレス
星の王子
ストロベリーアイス
月兎耳
天使の雫

そうだ！苗を選ぶポイントってありますか？
まかせて！多肉を選ぶ時にチェックすべきはここ！
徒長やダメージがある苗より健康な苗の方が自宅に持ち帰ってからも元気に育つよ
＜健康な苗の選び方＞
苗の中心の成長点に傷みがないか
全体が縦長に徒長していないか
節と節の間が長く間延びしていないか
株の根元がぐらついていないか
葉の色がよいか
葉が肉厚で全体が引き締まっているか
病気にかかっていないか、虫がついていないか
成長点
なるべく名前がわかる苗を選ぼう
よく見ると子株がついている苗もあるよ
こういう小さな芽もこの先大きく育っていくからお得かも！
子株
キュン
子株…カワイイ

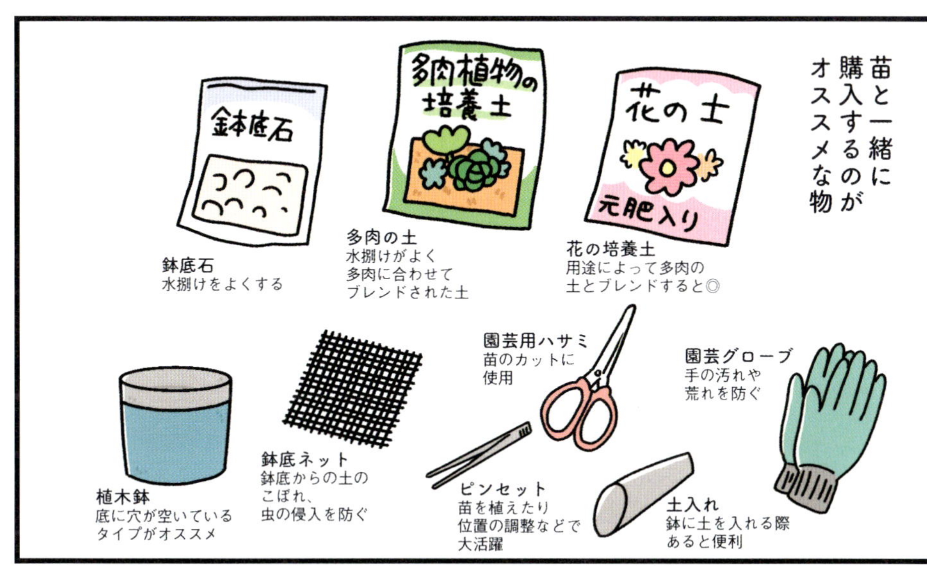
苗と一緒に購入するのがオススメな物
鉢底石
鉢底石
水捌けをよくする
多肉植物の培養土
多肉の土
水捌けがよく
多肉に合わせて
ブレンドされた土
花の土
元肥入り
花の培養土
用途によって多肉の
土とブレンドすると◎
植木鉢
底に穴が空いている
タイプがオススメ
鉢底ネット
鉢底からの土の
こぼれ、
虫の侵入を防ぐ
園芸用ハサミ
苗のカットに
使用
ピンセット
苗を植えたり
位置の調整などで
大活躍
園芸グローブ
手の汚れや
荒れを防ぐ
土入れ
鉢に土を入れる際
あると便利

あーでもない　こーでもない
うーん

一時間後
お待たせ！
スャ…
Zz…

こんなに買っちゃった！
どの子をお迎えするか悩む時間も楽しいね！
虹の玉
土や園芸グッズも…
ハッ

迷ったけど
この苗が
かわいく
見えて〜
…
じーーっ
キャッ
うんうん
キャッ
ひゅ〜
あっ
わっ
トン
驚いた〜！
なにかと思ったら
多肉が飛んできた!?
顔がある!?
こんな多肉
はじめて
見たなあ
エケベリア？
セダム？
人気出るかも
しれないし
君、うちに来る？
すみません！
たにお急に
どうしたの〜
多肉農家
いちかわさん
あっ！
いちかわさん
偶然ですね
たにお君に
なつかれてる〜♡
えっ
お知りあい!?
ぼたんさん！
この間の
イベント
以来ですね！

セダム中心に多肉植物を生産しているいちかわふぁーむのいちかわです
多肉のイベントでよくお会いするんだ～セダムと言ったらいちかわさん！
こちらは多肉デビューしたてのこたきさん！
セダム？多肉のイベント？
？
こたきさん！ぜひ今度ハウスに遊びに来てください！
ではまた～！
おっと返し忘れるとこでした
珍しい多肉ですね
たにおおかえり～
わ～嬉しいぜひぜひ！
ただいま
たにお、多肉植物を好きな人がわかるのかな…
？
よーし！たにおもこの新入り多肉も大切に育てよう！
多肉ライフがにぎやかになるぞ～たにおも家にお友だちが増えてよかったね！
いいね！

買った多肉の植え替えの仕方

多肉を植える土について
植物にとって土の種類はとっても重要！
多肉植物に適しているのは乾きやすくて水捌けがいい弱酸性の土
初めての人には市販の『多肉植物用の土』がおすすめ！
・肥料少なめ
・排水性、通気性高め
になるように土やその他の素材をブレンドしてあります
土にも種類が…!?
多肉植物の培養土
ゼオライト
ピートモス
くん炭
鹿沼土
バーミキュライト
慣れてきたらこの多肉植物の土をベースに色々工夫してみるのも面白いよ
早く成長してほしいから肥料が必要だなまめに水やりできないから保水力のある土がいいかも…
↓花の培養土をブレンドしてみよう
様子を見て2割程度から…
花の土
元肥入り
保水性◎
肥料入り
大きい鉢に植えたい！土が多いと乾きにくくて根腐れしやすいかも水捌けをよくするには…
↓鉢底石（軽石）を植木鉢の底に入れよう
鉢底石
土
「こんな風に多肉を育てたい！」って理想ができると土を工夫したくなるんだよね〜
オリジナルで土をブレンドして楽しむ人もいるよ
へぇ〜！奥が深い…
いつか挑戦してみてね！
いちかわふぁーむの直売所ではオリジナルブレンドの土を販売中です
ふわっと
かちっと
ササッ

ところで、多肉って ネットでも 買えるんですか？
うん！ 色々な ショップで 取り扱いが あるよ 人気の多肉は あっという間に 売り切れちゃう んだから
園芸店のネットショップ、楽天、BASE、ヤフオク、Creema、メルカリ、etc…
以前、通販サイトで 多肉の詰め合わせ を販売している 個人ショップが あってね
そのショップの苗が 大人気で、 毎回出品から 1分足らずで 売り切れちゃうの！
スマホに 出品通知が来るように 設定して、 即アクセスしても タッチの差で 売り切れてるレベル！
ズラ〜〜〜
多肉とらとら
えぇ〜〜っ
知らない世界…
また売り切れ〜
ガーン
SOLD OUT
別の日
ついに買えた!!!
インスタグラムを使った こんな販売方法も あってね
事前に販売時刻の 予告があるんだけど
購入したい人は 販売ポストが投稿されたら 「はい」って2文字だけ コメントするの
先着で売ってもらえるから なるべく素早く簡潔に 意思表示するっていう…
数十秒で何十件もの コメントが殺到して即完売… なんてこともあるんだよ
販売します！
購入希望の方は
コメントください。
先着で DM します。
@taniku.love*
はい
@tanitani_9^^
はい
@succulent_fun+
はい
@tanino_toriko*
はい
@tatataniku!
はい
ズラ〜〜〜
ひえ〜〜っ
早くコメント した人にだけ DMがきて 購入手続き できるの…

タニラーの朝は早い！
多肉の即売会イベントも全国各地で開催されてるんだけど人気のイベントでは早朝から整理券待ちの行列ができて制限時間付きで買い物…なんてこともあるあるだよ
多肉のために朝から並ぶ…!?
人気テーマパークみたい
整理券 299
ズラ〜〜〜
最後尾

そこまでしてほしい多肉が存在するんですか…!?
ポケ〜
我、関せずなたにお
存在するんですよね…！
人気な多肉お安い多肉かわいい鉢、雑貨など人によって目当てはさまざま！

多肉が好きな人ってこういうイメージがあったけど…
緑に囲まれているのが幸せ…♡
癒される…♡
ほっこり…

こういう一面もあるってこと…!?
5時起き上等！
狙った多肉は逃さない!!
メラ
メラ
そういえばぼたんさんも…
そんな世界があったなんて…多肉植物恐るべし…
ドキドキ…

土と肥料と鉢について

ベースになる土

鹿沼土

保水性や通気性、排水性に優れている。酸性。

赤玉土

保水性や通気性、排水性に優れている。弱酸性。やや潰れやすい。

土の改良剤

ピートモス

保水性に優れている。酸性。繊維質を多く含み土の通気性を上げて土をやわらかくする。

くん炭

もみ殻を炭化したもの。保水性、通気性がよく土壌を中和する働きがある。

バーミキュライト

通気性、保水性に優れている。多孔質で軽く、土の中の温度を一定に保つ。無菌で中性のため挿し木に向く。

ゼオライト

多孔質。通気性がよく、水の浄化作用があり根腐れ防止効果がある。

ブレンドされた土

花の培養土

上の素材が花の育成向けにブレンドされている。肥料が入っているものも。保水性が高い。

多肉植物の培養土

上の素材が多肉育成向けにブレンドされている。乾きやすく、根腐れしにくい配合の物が多い。

肥料

多肉植物は一般的な草花よりも肥料は少なめで大丈夫。春と秋、植え替えのタイミングで緩行性肥料を少量土に混ぜて与えましょう。

チッソ	リン酸	カリウム
5	3.5	4

チッソは葉、リン酸は花や実、カリウムは根に効果がある、植物の成長には欠かせない成分

【肥料の成分表の見方】上記の表の場合、肥料100gあたりチッソ5g リン酸3.5g カリウム4g含まれているという意味

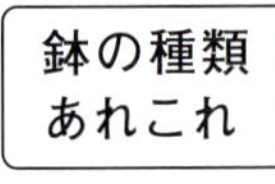

鉢の素材によって土の乾きやすさは異なります(底穴は大きいほど乾きやすい)
育成に慣れてきたら、育てる多肉の性質(水が好きか、蒸れに弱いか等)、
置き場所、土の配合、鉢の特徴を組み合わせて自分だけの ベストを見つける楽しみも◎

Chapter

3

多肉植物を育てよう！

2

初夏の多肉の管理のコツ

ムム…
あつい…
風…

なぜ!?
平気じゃなさそう!
風…
じめじめ

風って言われても…流石に天候までは操れないよ…
風
風

エンドレス人力送風
ぼたんさん…助けて!!!
フーフー
パタパタ…

なんだか呼ばれたような…ってこたきさん!なんて姿!
ガーン
ぼたんさん!!!
フーフー
パタパタ

なるほど、
そんないきさつが…
美しい多肉愛…
ホロリ
あおぐのを
やめるとまた
「風」って言うから
止められなくて…
どうすれば…
…
こたきさん
パタパタ
涼しい…
たにおくんを
そのラックの上に
置いてあげて
ム…
風〜〜
えっ
いいですけど
なんで…
風
あれっ
「風」コール
が止まった…!
フー…
…
多肉と仲良くなる
ための三箇条、
三つ目は…「風」!
たにおくんは
水やりで濡れた上に
気温が高い場所に
置かれて蒸れていた…
それで風通しの
いい場所を
求めていたってわけ!
風!?

でもたったこれだけで風通しが変わるんですか？
地面から少しでも高い場所の方が風がよく通るの！
夏場のコンクリートは高温になっていて直置きにすると鉢の中の温度にも影響するし
鉢と鉢の間隔を空けるだけでも風通しがよくなるよ
熱
地面

乾燥地域が故郷の多肉にとって高温多湿の日本の夏はハードだからね！できるだけのことはしてあげなくちゃ！
カサ
カサ…
DRY…
じと
WET
じと
人だって冷房なしじゃ過ごせないですもんね
力説！

多肉歴16年の中で夏場にどれだけ失敗したことか…
犠牲を重ねて痛感したの 風通しは多肉の命に直結すると…

…ぼたんさんでも失敗するんだ
植物を育てるのが上手な人は枯らす経験なんてないのかと…
意外…
ホロリ…
うっ…

まさか！枯らした回数で言ったら人並み以上だよ
それでもあきらめずに育て方を工夫すれば応えてくれるから多肉はやめられない！
エスパー!?
カッ
心の声が伝わった…

夏は本当に油断禁物！
葉と葉の間に
溜まった水滴や
鉢の中の水分は
太陽光で温度が
上がって
お湯になるし
湿度が高いせいで
土はなかなか乾かず、
蒸れ状態が
長く続いて
株は大ダメージ！
じめ
じめ
根腐れや
病気に繋がって
あっという間に
枯れることも…！
キャー

だから暑い時期の
水やりは、
①乾きやすい量を
②気温の低い時間帯に
③風通しのよさを
意識して
行うことが
とっても大切！
夕方〜早朝の
涼しい時間帯
乾きやすい量
ラックや棚に多肉を
置けば省スペースな上に
風通しがよくなって
一石二鳥だし、
充電式の小型扇風機を使うと
安心して水やりができるよ
1500円前後
からある
水やり後
風を当てる！

植物を育てる環境は
その人の住んでいる
地域や住居で
大きく異なるもの
だけど
自分なりの工夫で
多肉にとって
最適な環境に
近づけることができる

水・光・風
季節に合わせて
この三つを整えるのが
多肉と仲良くなる
いちばんの近道なの！
ついに
三箇条が
そろった…
それぞれの
環境に適した
水と光と風…
多肉のことが
わかってきたかも～！
たにお…！
たにおとも
仲良く
なれてきた…？
こたき…
パアア…
三箇条 その3
風
OK!

多肉の種類

ロゼット系の多肉

エケベリア属のものが主。葉先は爪型、丸型、フリル状などバリエーション豊か。栽培年数を重ねると、茎の横から脇芽を出して子株を作ることも。グラプトベリア属、セデベリア属、セダム属などにも葉がロゼット状の品種がある。交配品種が数多く存在する。

つぶつぶ系の多肉

セダム属のものが主。パキフィツム属、グラプトペタルム属、グラプトベリア属などにも葉が肉厚で丸みを帯びたフォルムの品種がある。

その他の多肉

セネシオ属、クラッスラ属、ハオルチア属、センペルビウム属などその他にも多種多様な品種が存在する。

多肉の葉焼けと夏場の遮光

新しい葉っぱが出て目立たなくなるのを待つしかないんだよね…
そんな〜〜!
ガーン!!
新陳代謝

5月くらいから急に陽射しが強くなって人も肌がジリジリ熱くなるでしょ? そういう日は注意が必要なんだ 買ったばかりの多肉は環境に慣れていないから特に葉焼けしやすいよ
少しずつ日を当てて慣らしてあげないとすぐ焼けちゃう

そうだったんですね…! てっきり光は当たるだけ当たればいいと勘違いしてました…!
言うのが遅くてごめんね

購入したての苗は一〜二週間ほどかけて徐々に自宅の環境に慣らしてあげるといいよ
午前中の数時間だけ光が当たる場所に置くとか軽く遮光するとか…

! はいっ質問
遮光ってなんですか?
初耳!
さっきたにおがまぶしいって言ってたことと関係ありますか?

そう、関係大アリ!
強すぎる直射日光をあえて少し遮って植物にとってちょうどいい光の量にしてあげることを『遮光』といいます
私たちもUV対策
大事よね!

遮光ネットは園芸店や
100円ショップに売っているよ
置き場所の日当たりや
時期によって遮光率を選んでね
まずは30~45%を使って
それでも葉焼けするようなら
遮光率をあげるのが確実
広げると…
遮光率
45%
遮光ネット
2m×2m
フムフム

ラックに
洗濯バサミで
留めたり
支柱に結んで
立てかけると
遮光する・しないを
切り替えやすいよ
なるほど
少し前の自分なら
面倒に感じたかも
しれないけど
今なら
たにお達を
守るためなら
お安いご用だと
思える…
成長したな…
自分…多肉愛が
なせる技…
ちなみに、私は
遮光ネットは時期に
よって使い分け、
水やり後の
水滴はブロワー
で飛ばし、
庭に業務用の
扇風機を2台置き
して風を送るよう
にしてます
初夏は35%
真夏は65%を
プシュ
水が溜まったまま
温度が上がると
傷みやすいから…
ブオオオ
ぼたんさんの
多肉愛
すっごい!

それでもノーダメージで夏を越えたことはないから…気持ちを強く持ってね！
トライ&エラーよ！
ぐっ！
ヒエ〜
そこまで手間暇かけても…日本の夏恐るべし…

さらに、冬にも寒さ対策が必要に！寒さに弱い品種は気温が10℃を下回ったら
寒い地域では11月下旬くらいから
ブル
ブル
寒さに強い品種も夜間の気温が0℃を下回るようなら防寒をしてあげましょう
耐寒性の有無は品種名で検索するとわかります

品種名で検索 ➡ P.24

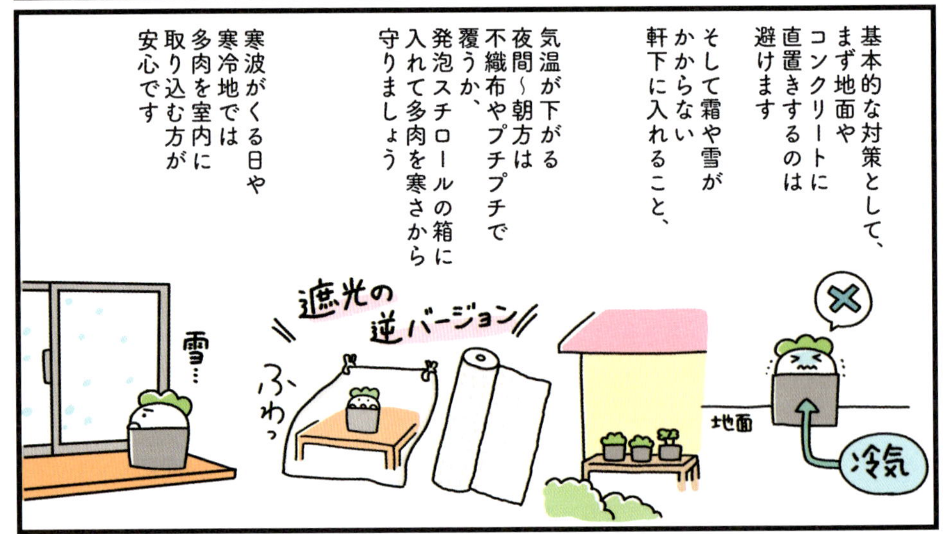
基本的な対策として、まず地面やコンクリートに直置きするのは避けます
そして霜や雪がかからない軒下に入れること、
気温が下がる夜間〜朝方は不織布やプチプチで覆うか、発泡スチロールの箱に入れて多肉を寒さから守りましょう
寒波がくる日や寒冷地では多肉を室内に取り込む方が安心です
遮光の逆バージョン
ふわっ
雪…
地面
冷気

春秋型の多肉は冬場
あまり成長しないので
日当たりのいい窓際に
置いてあげれば
最低限の徒長で
乗り切れるはず！
乾燥しすぎないよう
暖房の風は直接
当たらないように
光がさす方に向かって
伸びるので
偏りが出ないよう、
週に一度は鉢の向きを
180度変えましょう
植物用のライトを
使う人もいるよ
春になって
久々に外に出す
時は葉焼けしない
ように少しずつ
光を当ててね
ピカー
フムフム
メモメモ
ちなみに、多肉は
葉っぱに水分を
溜め込んでいるから
寒すぎると
凍ります！
カチーン！
ええっ
凍った多肉は
すぐに
わかるよ…
やけに
透明感が出て
カチカチで…
フフ…
ゾゾ〜…
万が一凍った場合は
無理に温めずに
自然解凍してね
解凍後、運良く
復活することもあれば
枯れることもあるから、
凍らせないのが
いちばんです…
あの表情…
ぼたんさん
冬場にも多肉を
枯らした
経験があるん
だろうな…
もらい泣き…

多肉植物につく害虫の対策

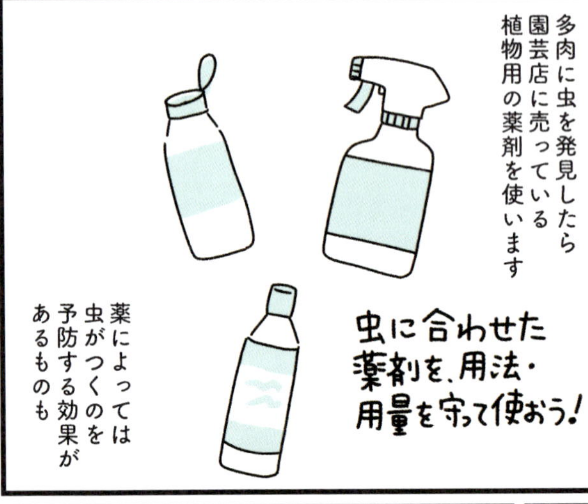

今回のカイガラムシに
効果があるのは
「オルトランDX」という薬
オルトランDX
使用すると、
根が有効成分を吸収して、
植物全体に薬効が行き渡り
汁を吸ったカイガラムシを
撃退する仕組み
吸収

!!
こんな感じの
白くて細かい
顆粒だよ
サラ…
…!
くんっ

この薬
傷んでる…!?
独特な
匂いがあるけど
こういうものなんだ
…

これを株元に適量かけて
水やりすることで
カイガラムシの対策になります
サラ…
アイスやヨーグルトのスプーンが便利
サラ…
植え替えの時あらかじめ
土に混ぜておくことで
予防効果も期待できるよ

多肉につくハダニには
「ベニカXファインスプレー」
がおすすめ
病気&虫

ハダニは薬剤耐性が
つきやすいので数種類の
薬剤を交代しながら
使った方がいいことも
世代交代のスピードが早いため
薬剤耐性ハダニ
取扱店で
相談してみてね

多肉植物の歴史

※参考文献『サボテンと多肉植物』（松居謙次 著／文研出版）

最古の多肉植物の文献はなんと紀元前のもの

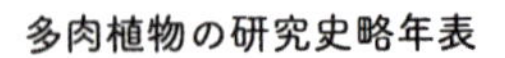

多肉植物の研究史略年表

紀元前 400 年ごろ
『植物の探究』(テオフラスッス著)

1000 年ごろ
『桂海草木誌』(苑成大著)

1716 年　『多肉植物の歴史』
(リチャード・ブラッドレー著)

1769 年　『中山傳信録物産孝』
(中沢以正著)

紀元前400年って弥生時代

Chapter

4

多肉植物を増やしてみよう！

9月下旬
あっ！
スマホ
今週の天気
今日 火 水 木 金 土 日
28℃ 27℃ 27℃ 26℃ 24℃ 27℃ 27℃
ついに週間予報から
最高気温30℃の日が
無くなった…！
ということは…？
ようやく
夏が終わった！
秋になった
んだ～！
わ～い！！
まだ半そでだけど…
夏ってこんなに
長かったっけ!?

ぼたんさんから
日本の夏の怖さを
聞いてはいたけど、
実際経験してみると
多肉も私も
かなり辛いもの
があったな～～
多肉の様子を
見るために
庭に出るだけで
溶けそうで
涼しくなるのが
待ち遠しかった…
くっ…
うんうん

外の水道からお湯が出たり
お湯だ〜〜!!
あったか〜い
ゲリラ豪雨で軒下までずぶ濡れになったり…
ザバー
滝…
またたにおが焦げたのはショックだったなあ…
ガーン
キャー
ん？
でも、なんとか夏を乗り越えた…よね
たにおもそう思うでしょ
フラ〜〜
ハア…
ハア…
どういう反応
!?
こんにちは〜〜
…
じーーっ…

ぼたんさんの声！きっと夏が終わって多肉のお世話する気満々なんだろうな…今日はなにを教えてくれるんだろう…
はーい！今行きます〜…
ってぼたんさんもお疲れのご様子
ハア…
しょぼーん
今年の夏も過酷だったわ〜〜
ぼたんさんちの多肉ちゃんもやっぱりこの暑さには苦戦しましたか？
毎年今年こそはって思いながら夏に備えるんだけど、なかなか手強くて…
でも！
キラーン
終わらない夏はないものね！秋は多肉のゴールデンタイム！
伸びた茎を切って！植えて！仕立て直しと増殖作業と寄せ植えもして！多肉のお世話で大忙しよ！元気出さなくちゃ！

「仕立て直し」は
伸びすぎた株の
茎をカットして
形を整え、
植物の健康な状態を
維持する
大切な作業！
のび〜
きちん！
過酷な環境に自生する
多肉植物は
生命力が強く、
外した葉や
切った茎からも
根を出すので
仕立て直しは
増殖作業を兼ねていて
一石二鳥です
葉から
根…？
?

たにお君も
夏越しのダメージを
しっかり
ケアしようね！
パアッ
!!

というわけで、
形を整えながら
増殖作業をしてみよう！
多肉を増やす方法は
大きく分けて
この三つ！
・挿し木
・葉挿し
・胴切り

まずは挿し木
から説明するね！

挿し木
伸びた茎を切って
土に挿して増やす方法
のび〜
虹の玉なら、
この辺りにハサミを
入れます

この挿し穂を
乾いた土に
植えたら
挿し木完了！
土に植える部分の
葉は手でもぎる
ぷす
ぷす
これが多肉を
挿し木で
増やす方法

この切り離した部分を
「挿し穂」と呼ぶよ

二週間ほどで
挿し穂から芽や根が出て、
育っていきます
茎から根が
出る！
元の株からも
新しい芽が出て、
夏の間に
間延びした状態が
リセット！

ええっ
中間
切って…
挿すだけ!?
しかもこの
中間部分からも
芽や根が生える
んですか!?
そう
おどろきの
生命力だよね

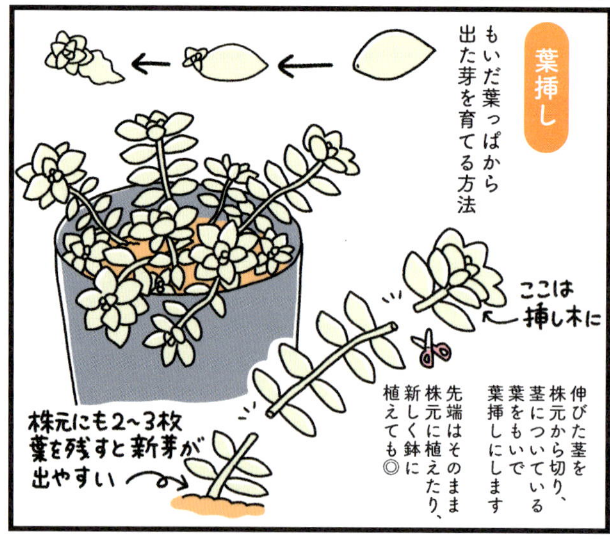
葉挿し
もいだ葉っぱから
出た芽を育てる方法
ここは
挿し木に
伸びた茎を
株元から切り、
茎についている
葉をもいで
葉挿しにします
先端はそのまま
株元に植えたり、
新しく鉢に
植えても◎
株元にも2～3枚
葉を残すと新芽が
出やすい

えっ
葉っぱをもぎ取るなんてそんなことしていいのかな…
なんだか胸が痛む…

わっポロポロとれる！おもしろ～い
プチプチ
葉が肉厚でポロッと取れやすい品種が葉挿し向きだよ

葉っぱを土の上にまんべんなくばら撒いたら「姫秋麗の葉挿し」完了～！
パラパラ～
挿し木をする時にもいだ葉っぱも葉挿しに使えます
ばらまくだけ!?

こちらも数週間で新しい芽が出て根付きます
とれた葉っぱから芽が！？？
種じゃないのに!?

多肉植物の葉の付け根には「成長点」という細胞分裂が活発な部分があり、茎から外れるとそこから新芽が出るので成長点を傷つけずに葉を外すことが葉挿し成功のための重要なポイントです
成長点
葉っぱが途中でちぎれてしまうと芽が出ないので注意！

多肉のネットショップにひとつ千円以上する苗があったんですが…
こーんな形の
もしかしてそれも…？

それも葉挿しで増やせるよ！
えーっ！
かわいいけどちょっと高いなって思ってたから嬉しい！

こういうロゼット状の多肉は大きい分類で「エケベリア」と呼ばれます
一個数百円～千円以上するから一枚の葉からもりもり増やせるのは嬉しいよね！
エケベリア
葉の外し方
優しくつまんで左右にうごかす
成長点がある葉
OK!
芽がでる
成長点がちぎれた葉
NG!
芽がでない

エケベリアのように大きい葉を葉挿しする時は葉を横向きにして一枚ずつ土に挿すように並べると芽が出てから育てやすいよ
芽が大きくなるにつれて親葉はしぼんで枯れていきます
数週間～数ヶ月で芽や根がでて更に時間をかけて大きくなります

多肉って
すごい…
葉っぱ一枚で
増やすことが
できるなんて…
ドヤ…

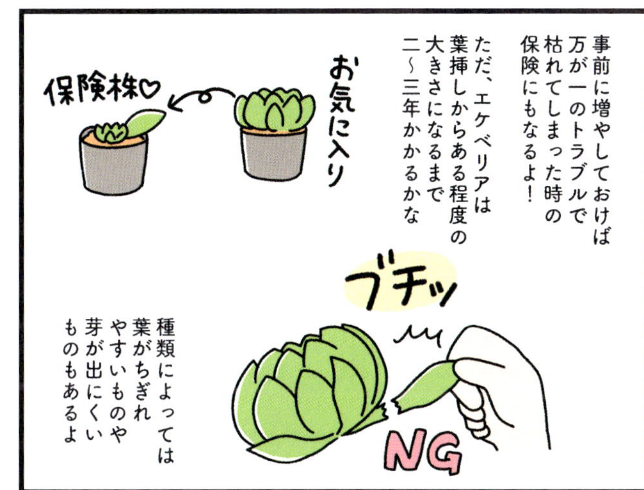
事前に増やしておけば
万が一のトラブルで
枯れてしまった時の
保険にもなるよ！
ただ、エケベリアは
葉挿しからある程度の
大きさになるまで
二～三年かかるかな
お気に入り
保険株♡
ブチッ
NG
種類によっては
葉がちぎれ
やすいものや
芽が出にくい
ものもあるよ

でも、ご安心を！
エケベリアを
増やす時に使える
必殺技が
あるのです！
その名も
胴切り
！
かっこいい
名前!!
ズバーッ
ビク！
サボテンにも
使える技だよ

外葉から一～二枚ほど内側の
葉にテグスをクルッと引っ掛けて…
くるっ

テグスを左右に
引っ張って切り離す！
キャー
お
たに
見ちゃ
ダメッ!!
ぐいっ

切り離した頭側は下側の葉を外して茎部分を露出させ土に挿し、
プチ
切った下側はそのまま植えておくと数週間ほどで茎から新しい芽が出てきます
こんな風に茎が長く伸びている状態なら、ハサミやカッターでカットできるよ
ハサミ
or
カッター
やってみる?
やってみます…!
どきどき…
えいっ
ちょきん!
お見事!
目かくし
そうしたら下葉を外して頭部分は別の鉢に植えて
取った下葉は葉挿しにもできるよ
せっせ
せっせ
買った時に多肉が植えられていた黒ポット

※茎が太いと発根まで時間がかかることが多く、蒸れて傷むリスクがあるため

根詰まりと植え替え

さて！
最後にたにお君の
ケアをしていき
ましょう！
ハア…
徒長もしてないし
調子は良さそう
だけど…
何か物憂げな様子…
ムムッ！

わかった！
たにお君の
ため息の原因は
根詰まりだ！
ほら、
こうして
見ると…
拡大
あっ！
底から
根っこが
はみでてる！
気付かな
かった！

根詰まりは
植物が順調に
成長した証拠！
だけど
このままだと
十分な水分・養分が
吸えずに
弱ってしまうので
植え替えて
あげましょう
フウ…
ギチ
ギチ

ちょうど
たにお君に
プレゼントを
用意してたの！
えっ
じゃ〜ん

キュン！
かわいい…！こんな素敵な鉢どこで売ってるんですか!?
ええっ
実は私の手作りなんだ素焼きの鉢や空き缶をペイントしてリメイクしてるの…
世界に一つだけの鉢ってこと…？すてきすぎる…ありがとうございます
しげしげ…
それほどでも～
じゃあさっそく植え替えを…たにおちょっと失礼
鉢の縁を軽く叩いたり土と鉢の間にピンセットを入れて土をゆるめてからそっと抜いてね
ウムム…
ぐっ…
よいしょ…っとわっすごい
スポッ
出しても土が植木鉢の形のまま！
すぐに植え替えてあげるね！
フウ…
「根鉢(ねはち)」っていう状態ね
point
植え替え前には水やりを控え土を乾かしておくと作業しやすい！

植え替え ➡P.50

いいね
できた～～！
たにお
似合ってる！
たにおは
秋が成長期だから
多肉用の土に
花の培養土を
ブレンドして
栄養を多めにして
みました
うんうん！
色々挑戦しよう
花の土
葉挿しや
挿し木から
芽が出るのも
楽しみだし
？
そわ
そわ
たにおも
この調子で
元気に育って
くれるかな～
また園芸店も
行ってみたいな～
ぼたんさん！
なんだか
私
楽しい!!
それは
よかった！

アンティーク風リメイク鉢の作り方

準備するもの

- 好きなサイズの素焼き鉢
- 筆
- 塗料（アクリル絵の具、水性塗料）
  茶系２色、白、好きな色
- ザラザラ塗料（ない場合は塗料に
  砂や石灰を混ぜても OK）
- 好きな文字が書かれたラベルや英字新聞など
- ニス（つや消しタイプ / 耐水性）
- 木工用ボンド

水性塗料は
ホームセンターや
100均のDIYコーナーで
売っています

作り方

1. ザラザラ塗料に濃い茶系の塗料を混ぜる
2. 素焼き鉢に1を厚めに塗る
3. 2が乾いたら、好きな色を全体に重ねて塗る
   ※この時にベタ塗りをせずに下の茶色が見えるように、わざとムラを作って塗る
   ※１色だけでなく 似た色味で何色か重ねると、アンティークのような深い色味になる
4. 3が乾いたら、ラベルを好きな場所に木工用ボンドで貼る
5. 白色塗料を筆に少量だけ取り、カサカサとかすれた感じに、全体に塗る
   ※この時、筆に水分があるとベタッとなってしまうので、筆の水分はよく切っておく
6. 5が乾いたら、薄い茶系をカサカサとかすれた感じに、鉢全体に塗る
7. 6が乾いたら全体にニスを２回塗り重ねたら完成！

＊塗料やニスの乾燥には時間がかかります数日かけて作業するのがおすすめです
＊家庭用インクジェットプリンタで印刷すると水でインクが滲むため、ラベルはコンビニのコピー機（トナー式）でカラーコピーしています

ガーデンピックの作り方

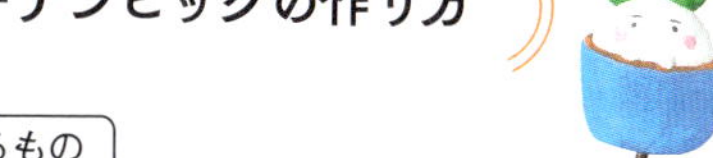

準備するもの

- 樹脂粘土（100均で買えるもので OK）
- アクリル絵の具
- ニス（耐水性）
- 太めのワイヤー

作り方

1. 粘土で好きなモチーフを作り、乾く前にワイヤーを刺す
2. 粘土が乾いたらアクリル絵の具で色を塗る
3. ニスを２回塗り重ね、乾いたら完成！

ぼたんさん曰く、
挿し木や葉挿しで
増やす方法は
クローンと同じで、
多肉農家さんはそうやって
多肉を生産してるらしい

多肉の成長の仕方

多肉植物は品種によって育ち方が違います

この差をうまく利用すると同じ鉢に異なる多肉を植える「寄せ植え」を作る時により魅力的な作品になります

タイプ1　上に伸びるタイプ

成長するにつれて高さが出るので立体的な寄植え作りに一役買います。茎が木のように茶色くなった状態も魅力的。

タイプ2　横に広がるタイプ

鉢から溢れるように広がる。グラウンドカバーとしても。

タイプ3　その場で大きくなるタイプ

その場で少しずつ大きくなる。ロゼット状のものは存在感があり華やかで、寄せ植えの主役にぴったり。

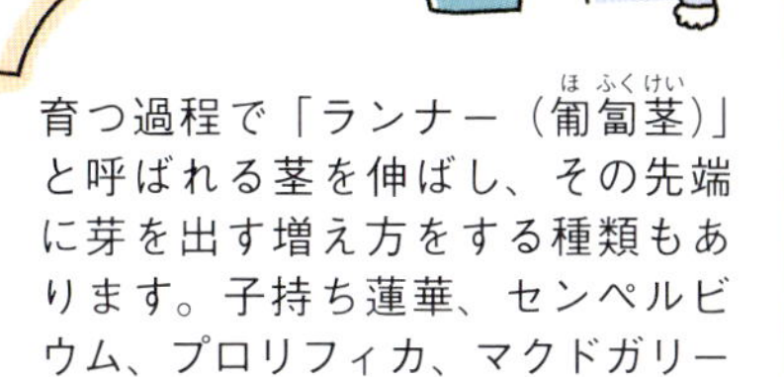

育つ過程で「ランナー（匍匐茎（ほふくけい））」と呼ばれる茎を伸ばし、その先端に芽を出す増え方をする種類もあります。子持ち蓮華、センペルビウム、プロリフィカ、マクドガリーなど

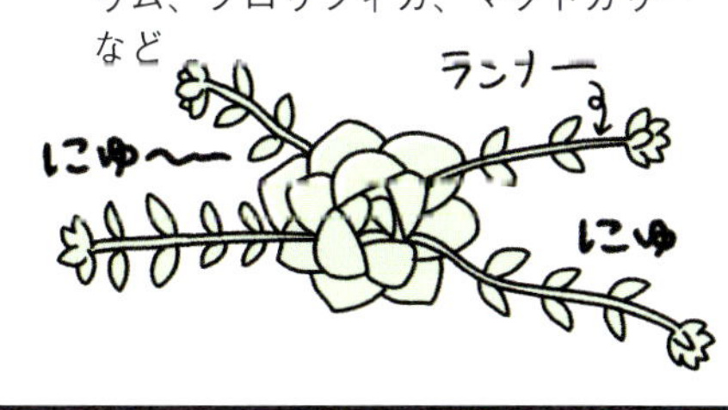

教えて！ 多肉 Q&A

こたき

Q しぼみかけている下葉は取った方がいいですか？

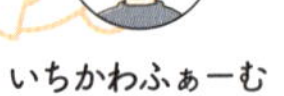

A 取っても取らなくても大丈夫です。高温多湿の夏場は雑菌が入ったりする可能性があるので取らない方がいいと思います。

こたき

Q カット苗を早く発根させるコツはありますか？

いちかわふぁーむ

A 春か秋にカットするのがおすすめで、気温が20℃前後あると発根しやすいです。ある程度の湿度が必要なので乾かし過ぎに注意してください。いちかわふぁーむでは、夏に早く根を出させたい時にはメネデールという発根促進剤（園芸店にて販売）を使っています。

こたき

Q 葉挿しが成長しないのはなぜ？

ぼたん

A カラカラにし過ぎると芽が出にくいため、葉を土に挿したらシャワー状にサッと水やりをします。芽が出るまでの間も乾いたら水やりを繰り返すのがオススメです。芽や根が出たら、水やりの回数や量を多めにし、しっかりと土を濡らすイメージで水やりすると成長が早いと思います。

こたき

Q 寄せ植えをきれいに保つコツは？

ぼたん

A 寄せ植えは主役になる大きな多肉と、その隙間を埋める小さな多肉で作るのが一般的です。大きくて葉が肉厚な品種は水やりが少なくてもすぐに枯れませんが、小さな品種（葉の薄い草系多肉など）は水切れに要注意。寄せ植え全体への水やりも大事ですが、小さな品種にピンポイントで、先の細いジョウロなどで意識的に水やりをするときれいな状態を長く保てると思います。

こたき

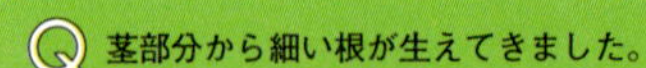
Q 茎部分から細い根が生えてきました。

いちかわふぁーむ

A それは気根（きこん）と呼ばれる根っこです。気根自体はそのまま放っておいても、気になるようなら取り除いてもかまいません。根詰まりしていて根が水を吸いにくい場合、水やりが足りない場合、空気中の湿度が高い場合に生えてきます。土中の根が傷んでいる場合もあるため、水やりを減らす、土を替える等、根を元気にする措置が必要です。

Chapter

5

多肉植物を寄せ植えしよう！

多肉も紅葉するの？

11月のある日
ピュー
風が冷たい！

朝晩冷えるようになったな〜〜
たにおたち凍えてないかな？

たにおおはよ…
!?

たにおの顔が赤い!?
今まで
おはよ
ぽわ…

それに他の多肉たちもなんだか色が違うような？
まさか最近グッと寒くなったから風邪でもひいた!?
before
before
before

こんにちは〜
え〜っ発熱？
いやヒンヤリしてるな…
病院行く？・何科？

これは紅葉だね〜
なにも心配ないよ
フーン

紅葉…ってモミジが赤くなったりイチョウが黄色くなるあの紅葉!?
風邪じゃない!?
よしよし
多肉も紅葉するんだ！

一年中緑色の種類もあるけど、秋〜春にかけて多肉も紅葉します
いつ、どのくらい紅葉するかは多肉が置かれている環境によって変わるよ

トラブルじゃなくてよかった〜ホッとしたら赤ら顔姿がすごくかわいく見えてきたよ♡
そう？

鮮やかな紅葉は多肉を育てる醍醐味の一つ！
紅葉をより楽しんでもらうために今日はこたきさんに多肉弁当を持ってきました！
ハイ！
どうぞ♡
た！多肉弁当!?
肉巻き多肉
ゆで多肉
多肉ナムル
おにぎり（多肉の佃煮入）
多肉卵焼き
お肉が多くて美味しそうに聞こえるけども!?

じゃーん!!
ってあれ？かわいい!!
うちの紅葉した多肉をカットして詰め合わせたの
まるでお弁当みたいでしょ？だから「多肉弁当」
色んな種類があってカラフルでツヤツヤでまるで宝石箱や…
多肉は挿し穂の状態で販売されることも多いんだ「多肉弁当」もしくは「カット苗」なんて呼ばれてるよ
寄せ植えにもってこい！
じーっ
寄せ植え！
私でもできますか!?やり方教えてください！
もちろん！
じゃあさっそく寄せ植えの基本を教えるね！

多肉の寄せ植えの基本

まず最初に
どんな寄せ植えにするか
イメージするのが大切！
メインになる多肉と
主役を引き立てる多肉を
選びましょう！
ロゼット系を主役にして
ゴージャスに？
つぶつぶ系メインで
かわいらしく？
異なる生育型の
多肉が混在しない
ように注意！

縦方向に伸びる
タイプの多肉は
奥側に植えると
成長した時に
バランスが良くなるよ

色のバランスも楽しもう！
うわ～っ

植え替え ➡ P.50 挿し木 ➡ P.75

寄せ植えの影の主役、セダム！

さあこたきさん
お待ちかね！
これが多肉の
寄せ植えには
欠かせない
影の主役！
くるっ
いちかわさんが
丹精込めて
大事に育てた
……

セダムだよ！
じゃ〜〜ん!!

わぁ〜〜〜！
すごい！ これが
セダム…
…

草？
ゴチッ
イタッ…

市川さん、
解説を
お願いします
え〜っ僕ですか
まいったなぁ…
あ〜〜〜っ

その数500種以上！
「セダム」というのはベンケイソウ科マンネングサ属の多肉植物の総称です
多肉植物の中でもメジャーな「虹の玉」や「乙女心」もセダムです
あっ！じゃあもしかして「姫秋麗」もセダムですか
NO…
いいえ、「姫秋麗」はセダム属じゃなくグラプトペタルム属です
セダムは虹の玉のように肉厚な葉をもつものから、薄い葉のものまで大きさも形もさまざまです
ぐ…ぐらぷとぺた…？？
どれも春秋型で増えやすいので、寄せ植えに合わせるとグッと雰囲気がよくなりますよ
さっそくカット苗とセダムで寄せ植えしましょう！
はいっ！
まずはメイン多肉から植えてね
エケベリアをメインにして…紅葉した虹の玉をバランスよく植えたらかわいいかもここのスペースに植えるのは……
その調子!!
あっ葉っぱ取れた…
たにおにも♡
プス

数十分後
できた～！
どうですか？
ぼたんさんのカット苗のおかげで我ながらかわいく仕上がったと思うんですが…
うんうん！バランスよくできてる！
フフ…
ここでいよいよセダムの出番！
ゴールデンカーペット
ちょうどいい大きさの葉を選んだら茎をピンセットで挟み…
引き抜くようにしてカット！
プチッ
ハサミなしでちぎれるんですね
そう！もちろんハサミを使って丁寧に切ってもいいよ
そうしたら寄せ植えの隙間に植える！
こうやって、色のバランスを気にしながらセダムで隙間を埋めていって～…
プス
完成！

カット苗だけでも
かわいかったのに
更にクオリティが
上がった！
パッと見の印象が
全然違う！
でしょ！
セダムパワー!!
フフフ…
上からみたところ
上からみたところ
After
Before

小さめのセダムをメインに
寄せ植えをする
「ちまちま寄せ」という
ジャンルもあるんだよ
約8センチ
かわいすぎる…！

じ〜っ
第一印象は
「草」だったけど
よく見ると凝った
造形でひとつひとつが
お花みたい…
セダム…かわいい…
セダムの魅力に
気付いたか…

お似合い！
こっち向いて！
パシャ
パシャ
パシャ
紅葉たにお
寄せ植えverも
かわいいよ！
…

草系セダムの育て方

いちかわさん！『草』だなんて失礼な発言を…！
いえいえ
僕もこの手の多肉を『草系』と呼んでますよ

草系の多肉は葉が薄く水分を溜め込めないので
植え替える時は水もちのいい花の培養土を使いましょう
水やり多めで管理すると鉢を覆うようにこんもりと成長します
もこ～っ

紅葉すると葉にピンク色のステッチが入るリトルミッシー
寄せ植えの雰囲気がパッと明るくなるゴールデンカーペット
赤紫から緑のグラデーションが美しいパープルヘイズ
星型の白い花が愛らしいブロウメアナ…
寄せ植えに入れるのもいいけど、それぞれを主役にするのも最高なんだよね…
違ったかわいさがあって集めたくなりますね
※ブロウメアナ、リトルミッシーはクラッスラ属

いちかわさんはどの多肉ちゃんがお気に入りですか？
生産者目線でコレが推し！とかあるのかな～？
えっ!? あ～
??
う～～ん

いや…僕は多肉を「その子」とか「○○ちゃん」って擬人化しない派なので戸惑いが…
フフッ…
個人的には斑入りパリダムが好きかな
生産者だからこそ(?)の多肉との距離感

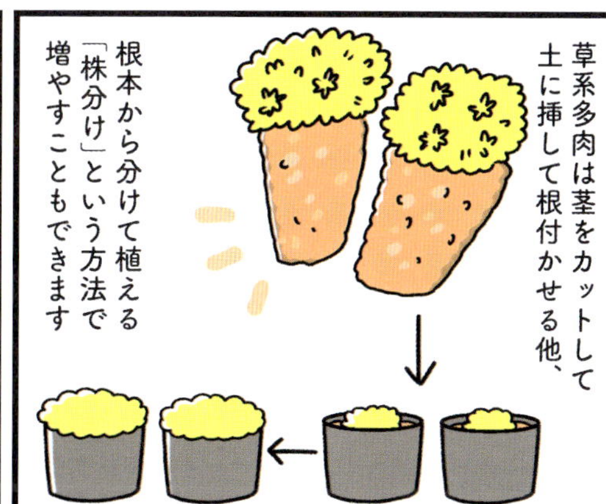
草系多肉は茎をカットして
土に挿して根付かせる他、
根本から分けて植える
「株分け」という方法で
増やすこともできます

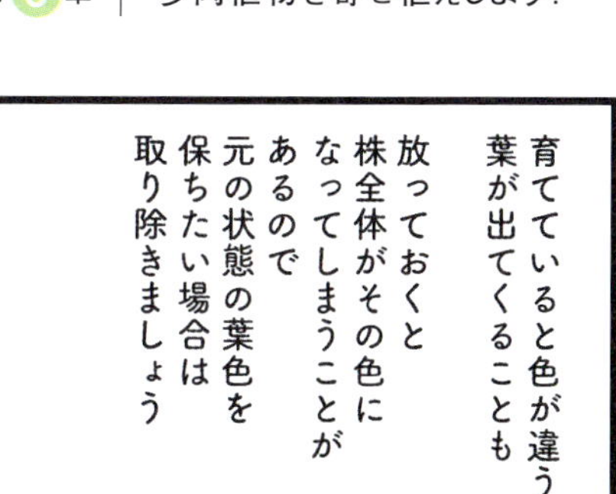
育てていると色が違う
葉が出てくることも
放っておくと
株全体がその色に
なってしまうことが
あるので
元の状態の葉色を
保ちたい場合は
取り除きましょう

まめに剪定することで
わき芽が出て密度が高くなり
こんもり育ちます
蒸れに弱いので
梅雨前には
風通しが良くなるよう
カットしましょう
チョキ
チョキ

春になるとセダムの先端が
長く伸びて花が咲きます
花に栄養を取られて
株が疲れてしまうので
ある程度花を楽しんだら
つぼみごと
花芽をカットします
すると秋頃には新芽が出て
株が復活します
花カット後
よく見ると
新芽が!!
スカ
スカ
肥料を与えて
秋…
モリ…
モリ…
花が咲く前後に
追肥して株に栄養を
与えてあげましょう
マグァンプK（小粒）
がおすすめです

寄せ植えの+αのコツ

寄せ植えの豆知識&コツ!

ブリキ缶にはクギとハンマーで底穴を開けることができる
ココに植えたいけど底穴がない…
缶素材
ガン
ガン

ポット苗で寄せ植えする時は、ポットを外す前に鉢に入れて植えた状態をイメージする
ポット苗を使うと大ぶりで多肉のいきいきした魅力を感じる寄せ植えに!
どお?

エケベリアは植える前に枯れた下葉をとって綺麗にする
カサ…
カサ…
たのしい…
長すぎる根ははさみで切る(根が苗部分より短くならないように注意)
もじゃ…
根っこ切ってもいいんだ
植える最中に位置がずれる時は霧吹きや水差しで土を湿らせると作業しやすいよ
しゅっ
水

メインになる多肉を奇数にするとバランス良く見えます
4
偶数よりも奇数!
3
5

ピンセットは先が真っ直ぐタイプ、曲がっているタイプがあるのでお好みで使いやすい方を選んでね
僕はお箸派です
フフ…
力がいらないので長時間作業しても手が疲れない!

…？
そ〜っ
こういう寄せ植えってどうなってるんですか？
もりっ
水を加えると固まるタイプの土を使うとできるよ
固まる土
丸くドーム型に成形してから寄せ植えしたり鉢以外の雑貨に土を盛って多肉を植えるアレンジを楽しむ人もいるよ
スコップに
おたま
多肉ツリー
フォトフレーム
かわいい！！
ズキュ〜ン
多肉は少しの土に植えられるから植木鉢以外でも寄せ植えできていいよね〜
コルク
くるみのカラ
たまごのカラ
ミニリース
かわいすぎる！！！
キャ〜

寄せ植えの水やり

カット苗の寄せ植えは
作った後すぐに
チョロチョロと水やりをし、
直射日光や雨が
当たらない場所に置きます
発根のタイミングは
季節や品種によって
差がありますが、
適度に湿らせておいた方が
根が出やすいです
すでに根がある苗を
使う際も寄せ植え後
すぐ水やりをしてＯＫ

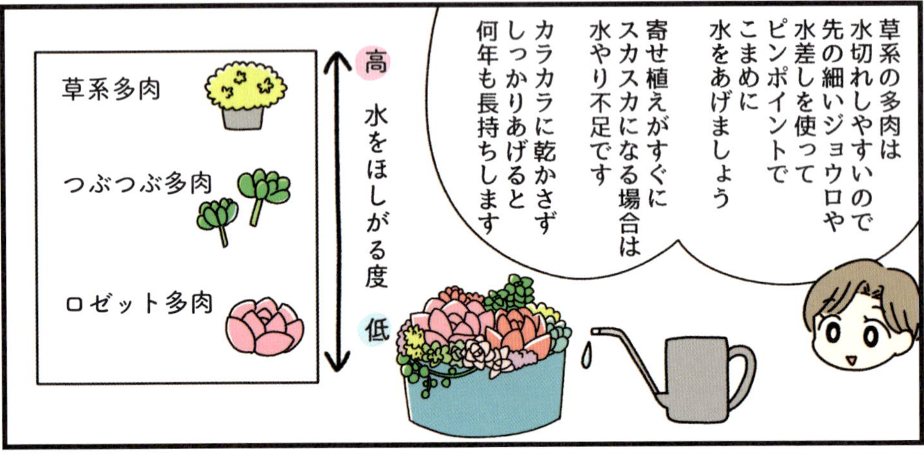
草系の多肉は
水切れしやすいので
先の細いジョウロや
水差しを使って
ピンポイントで
こまめに
水をあげましょう
寄せ植えがすぐに
スカスカになる場合は
水やり不足です
カラカラに乾かさず
しっかりあげると
何年も長持ちします
高
水をほしがる度
低
草系多肉
つぶつぶ多肉
ロゼット多肉

作ってから年月が経ち
土が固くなった
寄せ植えは水を
吸いにくいので
水を張ったトレーに
鉢底を１／４ほどつける
「腰水」という
給水方法があります
土の表面に
水が上がるまで
おこないます
シャ〜
はじく
すどおり
ザ〜〜

真夏と真冬は避け、
植物の様子を観察しながら
行いましょう
じ〜っ
プール

多肉をもっと紅葉させるには

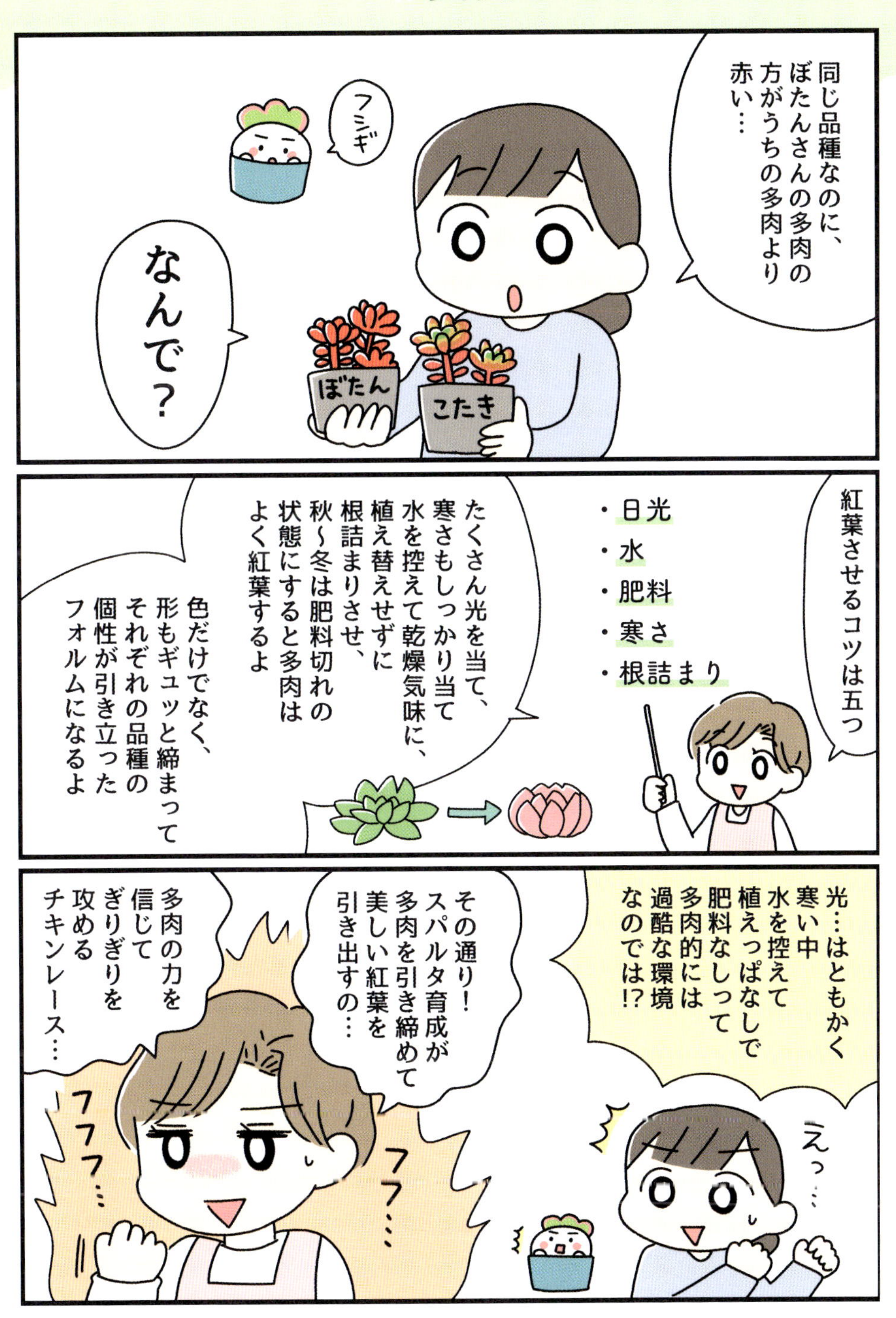

突然ですが！
ここに植えてから
一年経った寄せ植え
があります！
わあ！
お料理番組
みたい！
一年たつと
ワイルドな姿に
なるんですね…

でしょ！
枯れて
隙間ができて
スカスカだったり
伸びた多肉が
大暴れしたり…
これはこれで
味があるので
成長した姿を
生かしながら
手直し
しましょう！
上から見るとスカスカ…

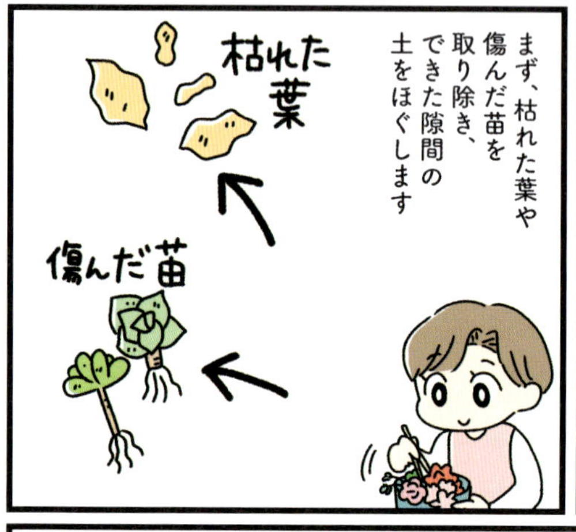
まず、枯れた葉や
傷んだ苗を
取り除き、
できた隙間の
土をほぐします
枯れた
葉
傷んだ苗

できたスペースに
合った大きさの
苗を追加して
必要に応じて
土を追加し、
伸びた部分を切って
全体の形を整えたら
できあがり！
NEW
バージョン！
同じ寄せ植えを
年単位で
楽しめるなんて
多肉ならでは
ですね！

そんな寄せ植えも、
いつの日か土が痩せて
多肉も弱り、
手直しの
限界がやってきます
土ごと鉢から
多肉を取り出し
丁寧に解体しましょう
まるごと根鉢に…

長年寄せ植えで
頑張った多肉は
へとへと状態
また寄せ植えに
したいけど、その前に
少し回復させたい…

そんな時に活躍するのが
ポイポイ鉢！
育苗トレーや大きめの
植木鉢に花の培養土を入れ、
多肉の療養所にします
おつかれ
寄せ植えで疲れた
多肉をポイポイ
植えておくと…

いつの間にか
元気いっぱい！
新芽が出たり
葉が増えたり
after
before
before
また寄せ植えで
活躍できる状態まで
復活してくれます

お試しあれ

多肉の花について

翌年3月
ホー～ホケキョ
ウグイスだ！
風は冷たいけどもう春だね～
多肉もまた生育期かな
成長が楽しみだな～
梅かな？
桃かな？
お花見したいなー
季節の変化をこんなに気にするの初めて！
フフ！
ん？
たにお、葉っぱの中から芽？が出てる…
もしかして増える!?
？
数日後
伸びてきた！楽しみだな～
にゅっ
さらに数日後
？
なんか長い…
ちょっと調べてみよ
にゅにゅ…
花だ！
春になると多肉に花が咲きます。
ふしぎな見た目…

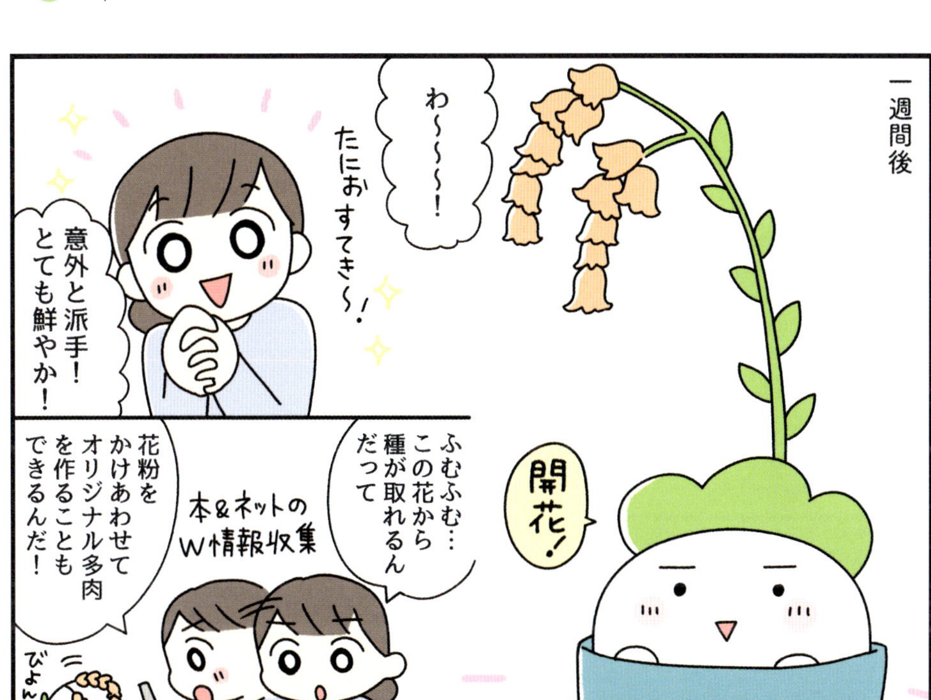
一週間後
開花！
わ〜〜〜〜！
たにおすてき〜！
意外と派手！
とても鮮やか！
ふむふむ…
この花から
種が取れるん
だって
本&ネットの
W情報収集
花粉を
かけあわせて
オリジナル多肉
を作ることも
できるんだ！
びよん
びよん
へー

あっ待って
花と種にエネルギーを
取られて株は疲れ
ちゃうらしい…！
今回は
切り花にして
楽しもうか
・種を取らない場合は付け根から
10センチほど上で切る
・残った茎は1ヶ月ほどで枯れ、
簡単に抜き取れる
スポッ
1ヶ月後
・花茎についている葉で
葉挿しもできる
そうしよ

もうすぐ
たにおと出会って
一年か〜
お花見…

ぷくぷくな多肉を集めた乙女なリース

ぼたんさんの寄せ植えギャラリー

品種、色、形、サイズ、鉢……
多肉の寄せ植えアレンジは無限大！
さまざまなアイディアが散りばめられた、ぼたんさんの
寄せ植えをご紹介します♪

クラッスラ属だけを集めた寄せ植えは、サビ缶との相性抜群！

紅葉MAXの冬の多肉は色とりどり

寄せ植えに動きを出すとイキイキしたイメージに

小さな寄せ植えを2つ並べてかわいさUP！

同じ品種だけをまとめて並べても◎

多肉図鑑

虹の玉（セダム属）

オーロラ（セダム属）

乙女心（セダム属）

レッドベリー（セダム属）

トレレアシー（セダム属）

ビアポップ（セダム属）

プロリフィカ（エケベリア属）

玉葉（セダム属）

黄麗（セダム属）

リトルビューティー（グラプトセダム属）

ペレスデラロサエ（セダム属）

ホワイトストーンクロプ（セデベリア属）

ピンクベリー（セダム属）

八千代（セダム属）

恋心（セダム属）

姫秋麗（グラプトペタルム属）

ブロンズ姫（グラプトセダム属）

だるま秋麗（グラプトセダム属）

秋麗（グラプトセダム属）

レモンシャドー（セデベリア属）

春萌（セダム属）

ロッティー（セダム属）

パープルドリーム（グラプトベリア属）

樹氷（セデベリア属）

アロマティカス（プレクトランサス属）

ブルーエルフ（セデベリア属）

オレンジドリーム（セダム属）

パキフィルム（グラプトペタルム属）

ルビーティント（セダム属）

若緑（クラッスラ属）

チワワエンシス（エケベリア属）

七福神（エケベリア属）

群月花（セデベリア属）

シルエット（エケベリア属）

レティジア（セデベリア属）

白牡丹（グラプトベリア属）

桃太郎（エケベリア属）

ルノーディーン（エケベリア属）

静夜（エケベリア属）

マーガレットレッピン（グラプトベリア属）

レッドベルベッド（エケベリア属）

アメイジンググレイス（エケベリア属）

オパリナ（グラプトベリア属）

ピンクルルビー（グラプトベリア属）

デビー（グラプトベリア属）

星の王子（クラッスラ属）

南十字星（クラッスラ属）

ルペストリス（クラッスラ属）

小米星（クラッスラ属）

ロゲルシー（クラッスラ属）

紅稚児（クラッスラ属）

カメレオン錦（ペトロセダム属）

ベビーフィンガー（パキフィツム属）

パンクチュラータ（クラッスラ属）

ジョイスタロック（セダム属）

ペンデンス（コチドレン属）

月兎耳（カランコエ属）

ルビーネックレス（オトンナ属）

スプリングワンダー（セダム属）

グリーンネックレス（セネシオ属）

ゴールデンカーペット（セダム属）

浜万年草（セダム属）

斑入りパリダム（セダム属）

マジョール（セダム属）

ケープブランコ（セダム属）

リトルミッシー（クラッスラ属）

タイトゴメ（セダム属）

パープルヘイズ（セダム属）

スプリウストリカラー（フェディムス属）

ヒスパニクムプルプレア（セダム属）

ブロウメアナ（クラッスラ属）

サクサグラレモスグリーン（セダム属）

レモータ（クラッスラ属）

アクレアウレウム（セダム属）

ダシフィルム（セダム属）

月日は流れ…
ザワ
ザワ
クレープ
29 Marche SPRING
いた！
日当たりと風通しのいい場所に
お水は土が乾いてから…
あっ
気をつけてお持ちください
！
ぼたんさん！来てくれたんですか〜！
No.29 多肉屋こたき
当たり前だよ〜 出店おめでとう
リメ鉢
どれでも ¥300
かわいい 多肉植物
多肉デビューから三年…ついに販売側の仲間入りか〜
おかげさまで多肉沼にハマり続けてます
へへ…
多肉も雑貨もかわいい♡
寄せ植え ¥500
多肉弁当
たにおピック

あら
かわいい
植物を育てるの
苦手なんだけど…
見ると気になって
きちゃうのよね
多肉と仲良くなる
三箇条を押さえれば
ばっちりですよ！
私もつい数年前
まで初心者で…
そう、植物が苦手
だった私も
今では初対面の相手と
多肉トークで盛り上がっている
かわいいですよねー！
あの頃の
自分からは想像
もできないよ…
だら〜〜
遠出して
多肉販売店
巡りをしたり
多肉屋
マイカゴ
リメ鉢を作ったり
友人にカット苗を
お裾分けしたり
TANI
ついには
増やした多肉の
販売に初挑戦…
充実した日々…
趣味があるって
すごい…
フー

あれから
外に出て多肉の
変化を眺める時間が
毎日の楽しみになった
植物と関わる時間は
私の日々に
充実感をくれて
いつもの生活にも
新しい発見や
驚きがある
あっ…
こんなところにも多肉…

新しい季節の訪れが
こんなに楽しみに
なるなんて
くるっ
たにお、
これからも
よろしくね…
なんだかもう
趣味を通り越して
生活の一部かも…
って、
ええっ!?
いつの間に!?
最近マルシェの準備で
忙しくて気付かなかった…
ふえた
…
ちまっ

たにお
ジュニア
爆誕!
ぼたんさん
たにおに
BABYが…!!
あら〜!♡
これからも
多肉ライフは
続いていく…

おわり

おわりに

ここまで
お読みいただき
ありがとうございます

読者の皆さんの背中を、
多肉に向かってそっと
押せる一冊になって
いたら嬉しいです

本編は
フィクション
ベースですが、

たにお

初心者だった
私が多肉にハマり、
紆余曲折を経て
マルシェで
多肉を販売するまでに
至ったのは実話です

娘たちにも
手伝ってもらいました

現実世界の私が出会ったのは、
たにおではなく
ひとつのブログで

そのブログは
私に
多肉を育てる
第一歩を踏み出す
勇気をくれました

また、初めて買った草系の多肉は
なんといちかわさんの苗でした

そのいちかわさんとこうして
多肉の本を作ることができるなんて
誰が想像したでしょうか

浜松市にあるご自身の
多肉生産ハウスの取材にまで
応じてくださいました

お二人のあたたかいお人柄と
多肉のご経験、それに基づいた知識に
支えられ、なんとか
一冊の本にすることができました

お二人に
協力してもらう
からには最高の
本を作らねば！

はじめての方にも
わかりやすく、

ぼたんさんと
いちかわさんのファンの方
（筋金入りタニラー）にも
楽しんでもらえる
知識も盛り込みたい！

と強く決意し

サボテンや多肉植物の
栽培の楽しみは、
種類を集めることが
目的の半分以上をしめます

（中略）

収納場所さえあれば
いくらでも集めたいものですが、
集めすぎると人間がサボテンに
ふりまわされることになり、
楽しみか苦しみか
わからなくなりますので、
ほどほどにして楽しむべきです

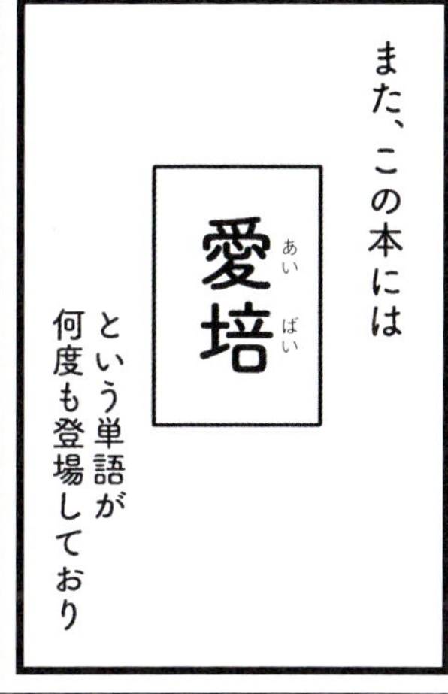
また、この本には
愛培（あいばい）
という単語が
何度も登場しており

初耳だけど
「愛情をもって栽培する」
って意味だよね
愛犬家とか
愛猫家みたいな…
「多肉を愛培する」
「愛培」「愛培家」
令和のタニラーにも
使ってほしいワードです
300ページ
近くある
サボテンと多肉植物

失敗もありますが、
私も日々、
トライ&エラー
&リカバリーの精神で
多肉を愛培しています
忘れられない
記憶…
とつぜんヒョウが
降ってつぶつぶ多肉が
つまようじみたいになったり…
ヒョウ
ボロ…
猛暑から守ろうと、一軍の多肉を
カーポートの中に置いて周りを囲って
遮光したら大ダメージを受けたり…
地面からの熱
+
風通し最悪
バッチリ!
のはずが…
ぼたんさんのブログの
「多肉の被害」テーマの
記事に励まされる私
私だけじゃ
なかった…

水、光、風の三つを
整えて多肉と仲良く
なれますように
よい多肉ライフを
お過ごしください

監修者より

私が多肉植物と出会ったのは、今から16年前です。
当時、とあるゲームにハマリ、そのゲーム仲間から譲り受けた多肉植物は、
今まで見たこともない不思議な植物でした。

観葉植物を枯らしてしまう名人の私は、試行錯誤しながら、手探り状態で多肉を育て始めました。
当時はまだ多肉植物の情報も少なく、「とりあえずやってみよう！」の気持ちでした。
何度も何度も失敗を繰り返したけれど、「とりあえずやってみた」ことが、
今では全て多肉植物を育てる上での経験値となっています。

いつしかゲームブログは、多肉ブログに変わり、たくさんの方に読んでいただけるようになりました。

そんな中、本書の著者・こたきさえさんの目に留めていただきました。
多肉植物の世界にどっぷりとハマり、立派なタニラー（多肉植物愛好家）になられた、こたきさん。
今回の監修のお話をいただいた時の、多肉に対する熱い思いと、まだ多肉植物を育てたことがない人に、
気軽に一歩を踏み出してほしいという思いに共感し、この監修を引き受けさせていただきました。

多肉植物の栽培は、私は永遠に飽きることがないと思っています。
楽しみ方は無限大のようにあります。
おばあちゃんになってもできる趣味を見つけることができ、最高に幸せです。
みなさんもぜひタニラーになって多肉植物を楽しみませんか？

ぼたん

本書の監修のお話をいただいたときは、初心者さん向けの実用マンガということで責任重大で緊張していましたが、こたきさえさんの優しい作風や人柄に癒され、旧知のぼたんさんも登場されるので楽しく監修させていただきました。

去年の秋、こたきさんが取材に来てくれました。そのときは、「多肉が好きで楽しく育てながら、多くの初心者さんがぶつかる壁にしっかりぶつかり、試行錯誤し、上達されているんだなぁ」という印象でした。

そしてしばらくして送られてきたマンガの原稿を読むと、短時間でかなり勉強されていて、育て方はもちろん品種についても詳しくなっていて驚きました。

「初心者さんになるべくスムーズに多肉を楽しんでもらえるように」「自分と同じ失敗をしないように」というこたきさんの強い気持ちを感じました。

多肉植物は、育てる環境や使う資材、育てる人の癖により育ち方が大きく異なります。僕も含めて色んな方が色々な育て方を推奨しているなかで、どれを選べば良いのか？初心者さんにはわかりづらいと思います。

まずは、好きな品種を好きな鉢や好きな土を使って、楽しく多肉と触れ合いながらトライアンドエラーを繰り返すのが上達の近道だと思います。

この本がそんな初心者さんの手元に届き、楽しい多肉との生活が始まると嬉しいです。

いちかわふぁーむ

著者 こたきさえ

漫画家、イラストレーター。女子美術大学デザイン学科を卒業。書籍の装画、雑誌や幼児向けのカットイラスト、WEB記事の挿絵など、おもにファミリー層や子ども向けのイラストを制作している。『マンガでわかる 食べない子が変わる魔法の言葉』（山口健太 著／辰巳出版）、『親子で楽しく考える力が身につく！子どもの語彙力の育て方』『考える力がぐんぐん育ち、書くことが大好きになる！こども「文章力」ゲーム』（齋藤孝 著／KADOKAWA）、『家族を笑顔にする32チャレンジ おうちごっこの子育て1年生』（おうちごっこ ヒロアキ 著／KADOKAWA）など書籍のイラストや漫画を多く担当する。多肉植物にハマって6年目。

X（Twitter）：@kokokotaki913 Instagram：kotaki_sae
HP：https://kokokotaki.com/

監修 ぼたん

多肉歴16年の多肉植物をこよなく愛する主婦。Amebaブログ「ほぼ多肉日記」では、自身の経験を交え、多肉の魅力を発信している。Instagramフォロワー数4.6万人。

Instagram：botan.29 Amebaブログ：https://ameblo.jp/sakuwa3728/

監修 いちかわふぁーむ

多肉農家。静岡県浜松市で多肉植物、主にセダム属を生産・販売している。苗の取り扱い種類が豊富。Instagramフォロワー数3.6万人、YouTube登録者数1.7万人。

Instagram：ichikawafarm YouTube：ichikawafarm

デザイン	熊田愛子（monostore）
写真協力	杉江匡、Lier.succulent株式会社
Special Thanks	秋山仁志、井本裕子（いちかわふぁーむ多肉塾）
編集	本田真穂、小林裕子

マンガでわかる
多肉植物はじめます！
どんな植物も枯らしてきた私がタニラーになりました！

2025年4月20日 初版第1刷発行
2025年6月 1 日 初版第2刷発行

著　者	こたきさえ
発行者	廣瀬和二
発行所	株式会社日東書院本社
	〒113-0033
	東京都文京区本郷1-33-13 春日町ビル5F
	TEL：03-5931-5930（代表）
	FAX：03-6386-3087（販売部）
	URL https://www.tg-net.co.jp/
印　刷	三共グラフィック株式会社
製　本	株式会社セイコーバインダリー

 ISBN978-4-528-02472-4 C2061